局所類体論

局 所 類 体 論

岩 澤 健 吉 著

岩 波 書 店

彌永昌吉先生に捧ぐ

まえがき

Hilbert-高木-Artin以来の類体論(Klassenkörpertheorie)が代数体乃至代数函数体の代数的拡大体，特にアーベル拡大体についての理論であることはよく知られているが，局所類体論はいわゆる局所体の拡大体に関する同様な理論であって，本書はその局所類体論の概要をなるべく初等的な立場から解説した一般的な入門書である.

局所類体論については，この理論自体を主題として，或いは本来の類体論の一部として，既に我国にも外国にも幾つかの優れた著書が知られている．例えば前者としてArtin [1]，Serre [11]，また後者の例としてはCassels-Fröhlich [3]，彌永 [7]，河田 [8]，Weil [14] 等が挙げられる．この理論には基本的な定理が幾つかあって，その証明を主な目標とする点では本書もそれらの解説書と変りはない．しかしそこに達するまでの道程において，即ち証明の方法上，本書は従来の著書と幾らか異なる点がある．次にそれを説明しよう.

元来歴史的に見れば局所類体論は本来の，即ち大局的，類体論から派生したものであって，初めは前者の主要な結果は後者のそれから導かれたものである．しかし間もなく局所類体論をそれ自身独立に構成する方法が見出されて(1930年代)，それにより却って局所類体論が本来の類体論の証明に応用されるようになった．その後1950年頃からはHochschild，中山による先駆的研究に続いて，群のコホモロジー理論の発展と共に，一層広い観点から更に見通しのよい局所類体論の証明が得られるようになった．先に挙げた著書は殆どみなこのコホモロジー論的方法によるものである．(但し詳しく言えばWeil [14] はコホモロジー理論の源泉と見られる多元数環の理論に基礎をおいている.) ところで近年に至ってオランダの数学者M. Hazewinkel [6] は局所類体論の構成に関してコホモロジー群によらない新しい方法を発表した．その特色を仮りに標語的に言えば，コホモロジー論的方法が代数的乃至群論的であるに対し，新方法はより一層数論的乃至体論的と言えるであろうか．いずれにせよこの方法により局所類体論の数論的内容が，特にこの理論をはじめて学ぶ者にとって，一段と理解し易くなったように思われる．

さて本書は主としてこの Hazewinkel の新構想に基づいて局所類体論の大要を解説したものである．各章の内容についてはそれぞれの章の初めに概要を述べておいたが，なお此所に簡単にまとめてみれば次の通りである．即ち，第1章から第3章までは完備体，特に局所体，に関する一般的な解説であって勿論後章への準備である．第4章も局所体についての一般論であるが，最大不分岐拡大体を主題として局所体の無限次拡大体について説明した．次の第5章と第6章とは本書の核心とも言うべき部分であって，ここで Hazewinkel の着想をやや一般化した形で紹介し，それにより局所類体論の主要な結果を証明する．第7章は局所体に対する形式群の応用の解説で，特にこの方法により存在定理の別証を与える．最後に，第8章では局所体の一例として局所円分体を考察し，ノルム剰余記号に関する Artin–Hasse の美しい公式を証明して全章を終る．

以上が本書の内容の概略であるが，執筆に当って著者は局所類体論の最も基本的と思われる結果を余り予備知識なしで，しかもなるべく廻り道することなく，読者に伝えることを主な目標とした．Hazewinkel の方法に従ったのもこの方法が上述の目的にふさわしいと考えたからである．しかし一方そのため局所体上の Brauer 群にはついに本文中に触れる機会がなかった．よって別に付録を設けて Brauer 群について簡単な解説をつけ加え，同時にコホモロジー論的方法の一端を紹介することとした．数学のどの分野でも同じであろうが，精密な深い理論を本当によく理解するためには多くの場合それを種々の異なった方法乃至観点から考究する必要がある．局所類体論は，例えば本来の類体論に較べて，比較的簡単な理論であるが，上に述べたことはやはり当てはまると思う．本書はあくまでも入門書として局所類体論への一つの進路を示したものであって，著者としては読者が本書を出発点として先に挙げた諸著書により同理論における別の方法をも学び，更に進んで大局的類体論にまで研究の領域を拡げて下さるよう期待しているのである.

本書の叙述については，上に述べた通りなるべく予備知識なしで，代数学と位相空間論乃至位相群論の一般的な基礎知識だけで内容を理解し得るように配慮した積りである．しかしなお説明の行き届かなかった点もあることと思われるし，一方また思いつつ触れることの出来なかった話題もある．それ等の点についてはそれぞれの個所で挙げた参考文献によって読者自ら補って頂きたい．引用された文献の表は巻末に付しておいたが，なお局所体乃至局所類体論に関する詳しい文献については例えば Serre [11] を見られたい.

おわりに，本書の草稿を読まれて内容を検討して下さった藤崎源二郎，三木博雄，加藤和也の諸氏，並びに出版に当ってお世話になった岩波書店の牧野正久，荒井秀男の両氏に，いずれも心からお礼を申し上げる．特に外国在住の著者のために校正にまで御助力を頂いた藤崎氏に深く感謝の意を表する.

1979年5月　　　　著　者

目　　次

第1章　完　備　体

本章ではまず準備として，完備な正規付値を持つ体に関する基本的な結果をまとめて解説する．但し代数学の一般的な教科書，例えば藤崎 [5]，van der Waerden [13] 等に載っているような事柄については証明を省略した．なお詳細については付値論の専門書乃至 Artin [1], 彌永 [7], Serre [11], 等を参照されたい．

§1.1　付　　値

体 k の上で定義された函数 $\nu(x)$, $x\in k$, が次の条件を満たす時，ν を k の(指数)**付値**と呼ぶ:

i)　$\nu(0)=+\infty$; また $x\neq 0$ ならば $\nu(x)$ は実数,

ii)　任意の $x, y\in k$ に対し

$$\min(\nu(x), \nu(y)) \leq \nu(x+y),$$

iii)　同様に

$$\nu(x)+\nu(y) = \nu(xy).$$

定義より直ちに

$$\nu(\pm 1) = 0;\quad \nu(x) = \nu(-x);\quad \nu(x) < \nu(y) \Longrightarrow \nu(x+y) = \nu(x)$$

などが証明される．但し $1=1_k$ は k の単位元．また

$$\mathfrak{o} = \{x \mid x\in k,\ \nu(x)\geq 0\},$$

$$\mathfrak{p} = \{x \mid x\in k,\ \nu(x)>0\}$$

とおけば，$\mathfrak{o}$ は k の部分環，$\mathfrak{p}$ は $\mathfrak{o}$ の最大イデアル，従って

$$\mathfrak{k} = \mathfrak{o}/\mathfrak{p}$$

は体となる．$\mathfrak{o}, \mathfrak{p}, \mathfrak{k}$ をそれぞれ ν の**付値環**，**最大イデアル**，乃至**剰余体**と呼ぶ．定義の iii) により ν は体 k の乗法群 $k^\times$ から実数の加法群 $\boldsymbol{R}^+$ への準同型

$$\nu : k^\times \longrightarrow \boldsymbol{R}^+$$

を定義する．よって $\nu(k^\times)$ は $\boldsymbol{R}^+$ の部分群で

$$U = \mathrm{Ker}\,(\nu) = \{x \,|\, x \in k,\ \nu(x) = 0\}$$

とおく時，自然な同型

$$k^\times/U \xrightarrow{\ \sim\ } \nu(k^\times)$$

が得られる．この U を ν の**単数群**と呼ぶ．

ν が k の付値である時，任意の正実数 $\alpha > 0$ を定めて

$$\nu'(x) = \alpha\nu(x), \qquad x \in k$$

とおけば ν' もまた明らかに k の付値となる．k の二つの付値 ν, ν' がこのような関係にある時，即ち一方が他方の正数倍である時，

$$\nu \sim \nu'$$

と書き，ν と ν' とは**同値な付値**であると言う．同値な付値は同じ付値環，最大イデアル，剰余体，単数群を持ち，その他多くの性質を共有する．

k, ν を上の通りとし，実数 β, $0 < \beta < 1$, を一つ定めて，k の任意の元 x, y に対し

$$\rho(x, y) = \beta^{\nu(x-y)}$$

とおけば，ρ は k の上に距離 (metric) を定義する．よって k は距離空間，従ってまた Hausdorff 位相空間となる．β のとり方を変えても距離 ρ はそれと同値な距離に変わるだけであるから，ρ による k 上の位相は不変である．即ちそれは付値 ν により一意的に定まる．しかも k がこの位相に関して位相体となることは容易に確かめられる．k が上の距離 ρ に関して完備 (complete) な距離空間である時，ν は k の**完備な付値**であると言う．β を変え，ρ が変わっても完備性は不変であることに注意．また $\nu \sim \nu'$ であれば ν と ν' とは k 上に同値な距離を

定義し，従って特にνが完備ならばν'も完備である．

引続きνをkの付値とする．$\boldsymbol{R}^+$の部分群$\nu(k^\times)$が特に有理整数の加法群である時，即ち

$$\nu(k^\times)=\boldsymbol{Z}=\{0,\pm1,\pm2,\pm3,\cdots\}$$

となる時，νはkの**正規付値**と呼ばれる．この場合kの元πで

$$\nu(\pi)=1$$

となるものがある．このようなπを正規付値νの**素元**と呼ぶ．素元πを一つ定めれば，$\mathfrak{p}=\{x\,|\,x\in k,\ \nu(x)\geq1\}$であるから

$$\mathfrak{p}=(\pi)=\mathfrak{o}\pi$$

が得られる．従って一般に$\mathfrak{p}$の巾に関し

$$\mathfrak{p}^n=(\pi^n)=\mathfrak{o}\pi^n=\{x\,|\,x\in k,\ \nu(x)\geq n\},\qquad n\geq0.$$

$\nu(x)\geq n$は$\nu(x)>n-1$と同じことを意味するから，これにより$\mathfrak{p}^n$, $n\geq0$, はすべてkの開部分加群であることがわかるが，上述のνによるkの位相の定義から$\{\mathfrak{p}^n\}_{n\geq0}$がこの位相に関して$k$における0の基本近傍系を成すことも容易に知られる．即ちνによるkの位相はいわゆる**$\mathfrak{p}$進位相**である．$\mathfrak{p}^n$はkの開部分加群，従って閉部分加群であり，$\mathfrak{p}^n=(\pi^n)\neq\{0\}$であるから，位相体$k$は全不連結でしかも疎(discrete)でないことに注意．

νを再びkの正規付値とし，今度はkの乗法群$k^\times$を考える．まず前述の同型$k^\times/U\simeq\nu(k^\times)=\boldsymbol{Z}$より

$$k^\times=\langle\pi\rangle\times U,\qquad \langle\pi\rangle\simeq\boldsymbol{Z}$$

が得られる．但しここに$\langle\pi\rangle$は素元πにより生成される$k^\times$の部分群である．また

$$U_0=U,\qquad U_n=1+\mathfrak{p}^n=1+\mathfrak{o}\pi^n,\qquad n\geq1$$

とおけば，容易にわかるようにこれらはいずれも$k^\times$の部分群で，かつ

$$\cdots\subseteq U_{n+1}\subseteq U_n\subseteq\cdots\subseteq U_1\subseteq U_0=U\subseteq k^\times.$$

$k^\times$はkの$\mathfrak{p}$進位相より誘導された位相に関して位相アーベル群となるが，U_n

はその開部分群でしかも $\{U_n\}_{n\geq 0}$ が $k^\times$ における1の基本近傍系を成すことは上より明らかである．また ν の剰余体 $\mathfrak{k}=\mathfrak{o}/\mathfrak{p}$ の加法群，乗法群をそれぞれ $\mathfrak{k}^+$, $\mathfrak{k}^\times$ と書く時

$$U_0/U_1 \simeq \mathfrak{k}^\times, \qquad U_n/U_{n+1} \simeq \mathfrak{k}^+, \qquad n \geq 1$$

となる．実際自然な準同型 $\mathfrak{o}\to\mathfrak{k}=\mathfrak{o}/\mathfrak{p}$ が乗法群の準同型 $U=U_0\to\mathfrak{k}^\times$ をひきおこし，これが $U_0/U_1\simeq\mathfrak{k}^\times$ を与えることは明白だが，$n\geq 1$ の場合 $U_n=1+\mathfrak{o}\pi^n$ の元を $1+x\pi^n$, $x\in\mathfrak{o}$, と書けば，$1+x\pi^n \bmod U_{n+1}\mapsto x \bmod \mathfrak{p}$ により $U_n/U_{n+1}\simeq\mathfrak{k}^+$ が得られる．

§1.2　付値の射影，延長と完備化

k' を k の任意の拡大体，μ を k' の付値とする時，μ を部分体 k の上に制限して得られる函数を $\mu|k$ と書くことにすれば，$\mu|k$ は明らかに k の付値を与える．この付値を μ の部分体 k への**射影**または**縮小**と呼ぶ．一方 ν が k の付値である時，

$$\mu|k = \nu$$

を満足する k' の付値 μ を ν の拡大体 k' への**延長**乃至**拡大**と呼ぶ．k' 上の付値 μ が与えられれば，その射影 $\mu|k$ は一意的に定まるが，逆に k の付値 ν が与えられた時，ν の k' への延長 μ が存在するかどうか，また存在してもただ一つであるかどうか，それらのことを考察するのが付値論の大切な課題の一つである．

さて上述のように $\mu|k=\nu$ とすれば，ν による k の位相は明らかに μ による k' の位相により誘導される．即ち k は位相体として k' の部分体となる．また μ の付値環，最大イデアル，剰余体をそれぞれ

$$\mathfrak{o}' = \{x' \,|\, x' \in k',\ \mu(x')\geq 0\},$$

$$\mathfrak{p}' = \{x' \,|\, x' \in k',\ \mu(x')> 0\},$$

$$\mathfrak{k}' = \mathfrak{o}'/\mathfrak{p}'$$

とすれば，定義より直ちに

$$\mathfrak{p} = \mathfrak{o} \cap \mathfrak{p}'.$$

従って

$$\mathfrak{k} = \mathfrak{o}/\mathfrak{p} = \mathfrak{o}/\mathfrak{o} \cap \mathfrak{p}' = (\mathfrak{o}+\mathfrak{p}')/\mathfrak{p}' \subseteq \mathfrak{o}'/\mathfrak{p}' = \mathfrak{k}'.$$

即ち k の剰余体 $\mathfrak{k}$ は自然に k' の剰余体 $\mathfrak{k}'$ の部分体と考えられる．一方 $\mu|k=\nu$ より明らかに

$$\nu(k^\times) \subseteq \mu(k'^\times) \subseteq \boldsymbol{R}^+.$$

よって群指数及び体の次数

$$e = [\mu(k'^\times):\nu(k^\times)], \qquad f = [\mathfrak{k}':\mathfrak{k}]$$

が定義される．但し e, f は自然数 $1, 2, 3, \cdots$，乃至 $+\infty$ とする．

$$e = e(\mu/\nu), \qquad f = f(\mu/\nu)$$

をそれぞれ μ/ν の**分岐指数**乃至**剰余次数**と呼ぶ．

付値の延長の一例として，よく知られている完備化に関する結果を次に説明する[1)]．体 k とその付値 ν とが与えられた時，次の条件 1)，2) を満足する k の拡大体 k' と，k' における ν の延長 μ とが存在する：1) μ は k' の完備な付値である；2) μ の定める k' の位相に関して，k は k' 内の稠密部分集合である．このような k'，乃至，正確に言えば，k' と μ との組，(k', μ) を k の ν に関する**完備化**と呼ぶ．(k', μ) と (k'', ω) とが共に k の ν に関する完備化ならば，$\mu=\omega\circ\sigma$ を満足する k 上の同型 $\sigma: k' \simeq k''$ が存在する．即ち完備化は本質的にはただ一つしかない．また x' を k' の任意の元とすると，2)により $x'=\lim_{n\to\infty} x_n$，$x_n \in k$，であるが，この時また

$$\mu(x') = \lim_{n\to\infty} \nu(x_n)$$

となる．これから

$$e(\mu/\nu) = f(\mu/\nu) = 1,$$

即ち

$$\mu(k'^\times) = \nu(k^\times), \qquad \mathfrak{k}' = \mathfrak{k}$$

1) 完備化の一般論については例えば藤崎 [5]，第 6 章，乃至 v. d. Waerden [13]，第 10 章参照．

が得られる.

完備化が重要であるのは，完備な付値が種々の点で(一般の付値にない)特別な性質を持つからである．例えば次に述べる周知の **Hensel の lemma** が成立する[2].

補題1 ν を k の完備な付値, $\mathfrak{k}=\mathfrak{o}/\mathfrak{p}$ を ν の剰余体とする．多項式環 $\mathfrak{o}[X]$ に属する多項式 $f(X)$, $g_0(X)$, $h_0(X)$ が

$$f(X) \equiv g_0(X)h_0(X) \not\equiv 0 \mod \mathfrak{p}$$

を満足し，かつ $g_0(X) \bmod \mathfrak{p}$ と $h_0(X) \bmod \mathfrak{p}$ とが $\mathfrak{k}[X]$ の多項式として互いに素であれば，次の条件を満たす $\mathfrak{o}[X]$ の多項式 $g(X)$, $h(X)$ が存在する:

$$f(X) = g(X)h(X), \quad g(X) \equiv g_0(X) \mod \mathfrak{p}, \quad h(X) \equiv h_0(X) \mod \mathfrak{p}.$$

しかも $g(X)$ の次数を $g_0(X) \bmod \mathfrak{p}$ の次数に等しくすることが出来る.

この Hensel の lemma は付値論において基本的で，多くの応用があるが，次の補題もその一つである.

補題2 k' が k の代数的拡大体であれば，k の完備な付値 ν は一意的に k' 上の付値 μ に延長される．特に k'/k が有限次拡大ならば μ もまた完備であって，$n=[k':k]$ としまた k'/k のノルムを $N_{k'/k}$ とする時，任意の k' の元 x' に対し

$$\mu(x') = \frac{1}{n}\nu(N_{k'/k}(x')).$$

補題3 k'/k, ν, μ を補題2に述べた通りとする時，σ が k' の k 上の自己同型であれば $\mu\circ\sigma=\mu$, 即ち

$$\mu(\sigma(x')) = \mu(x'), \quad x' \in k'.$$

よって $\sigma: k' \simeq k'$ は μ により定義される位相に関して k' の位相的自己同型であ

2) 次に述べる補題1, 2の証明についてはやはり脚註1)の文献参照.

る．また ν, μ の剰余体をそれぞれ $\mathfrak{k}=\mathfrak{o}/\mathfrak{p}$, $\mathfrak{k}'=\mathfrak{o}'/\mathfrak{p}'$ とする時

$$\sigma(\mathfrak{o}')=\mathfrak{o}', \qquad \sigma(\mathfrak{p}')=\mathfrak{p}'.$$

従って σ は $\mathfrak{k}'$ の $\mathfrak{k}$ 上の自己同型

$$\sigma' : \mathfrak{k}' \xrightarrow{\sim} \mathfrak{k}'$$

をひきおこす．

証明　$\mu'=\mu\circ\sigma$ とおけば μ' も明らかに k' の付値で，$x\in k$ に対し $\mu'(x)=\mu(\sigma(x))=\mu(x)=\nu(x)$，即ち μ' もまた ν の k' への延長である．よって補題2に述べた延長の一意性により $\mu'=\mu$，即ち $\mu\circ\sigma=\mu$．後半は明白．

補題 4　k'/k, ν, μ, $\mathfrak{o}$, $\mathfrak{o}'$ を前補題に述べた通りとすれば，$\mathfrak{o}'$ は $\mathfrak{o}$ の k' における整閉包である．また k'/k が特に有限次拡大であればトレース及びノルム写像

$$T_{k'/k},\ N_{k'/k} : k' \longrightarrow k$$

は ν, μ により定義される位相に関して連続である．

証明　x' を k' の任意の元とする時 $k(x')/k$ は有限次拡大であるから，前半の主張も k'/k が有限次拡大である場合に証明すれば十分である．よって $[k':k]=n$ とし k' の代数的閉包を Ω とすれば，k 上の単射 $k'\to\Omega$ が(重複度も入れて)ちょうど n 個存在する．それを $\sigma_1,\cdots,\sigma_n$ とし k' の任意の元 x' に対し

$$\prod_{i=1}^{n}(X-\sigma_i(x'))=X^n+a_1X^{n-1}+\cdots+a_n, \qquad a_i\in k$$

とおけば，$a_1, a_2, \cdots, a_n$ は勿論 $\sigma_1(x'), \cdots, \sigma_n(x')$ の対称式であって特に

$$a_1=-\sum_{i=1}^{n}\sigma_i(x')=-T_{k'/k}(x'), \qquad a_n=(-1)^n\prod_{i=1}^{n}\sigma_i(x')=(-1)^nN_{k'/k}(x').$$

各 σ_i は Ω の k 上の自己同型に拡張され，また補題2により μ は Ω の付値 μ' に延長されるが，補題3により σ_i は μ' による位相に関して Ω の位相的自己同型であるから，上の等式より $T_{k'/k}$, $N_{k'/k}$ が連続写像であることがわかる．次に $x'\in\mathfrak{o}'$，即ち $\mu(x')\geq 0$，とすれば補題3により

$$\mu'(\sigma_i(x'))=\mu'(x')=\mu(x')\geq 0, \qquad 1\leq i\leq n.$$

従って $\nu(a_i)=\mu'(a_i)\geq 0$，即ち $a_i\in\mathfrak{o}$, $1\leq i\leq n$，となる．故に x' は $\mathfrak{o}$ に関して整

である．逆に x' が $\mathfrak{o}$ に関して整であって

$$x'^m+b_1x'^{m-1}+\cdots+b_m=0, \qquad b_i\in\mathfrak{o}$$

とすれば，$\mu(b_i)=\nu(b_i)\geq 0,\ 1\leq i\leq m$，より直ちに $\mu(x')\geq 0$，即ち $x'\in\mathfrak{o}'$，が得られる．

上の補題4により特に付値環 $\mathfrak{o}$ が k において整閉であることが知られる．また上の証明において $x'\in\mathfrak{p}'$ ならば $\mu'(\sigma_i(x'))=\mu(x')>0$ であるから

$$\nu(a_i)=\mu'(a_i)>0, \qquad a_i\in\mathfrak{p},\ 1\leq i\leq n,$$

が得られる．特に

$$T_{k'/k}(\mathfrak{p}'),\ N_{k'/k}(\mathfrak{p}')\subseteq\mathfrak{p}.$$

§1.3 完　備　体

一般に完備な付値 ν を持つ体 k を完備体と呼ぶのが習わしであるが，以下本書では便宜上特に ν が**完備な正規付値**である場合に限り k を(その付値 ν についての)**完備体**と呼ぶことにする．正確には，完備体は体 k とその上の完備な正規付値 ν との組，(k,ν)，により表わされる．付値 ν に関して§1.1に定義された $\mathfrak{o}$, $\mathfrak{p}$, $\mathfrak{k}=\mathfrak{o}/\mathfrak{p}$, U, 等をそれぞれ完備体 (k,ν) の，或いは単に k の，付値環，最大イデアル，剰余体，単数群，等と呼び，また正規付値 ν の素元 π を k の素元と呼ぶ．

ν を体 k の任意の正規付値とし，(k',ν') を k の ν に関する完備化とすれば前節により $\nu'(k'^{\times})=\nu(k^{\times})=\boldsymbol{Z}$，即ち ν' は完備な正規付値であって，(k',ν') は完備体である．完備体の多くの自然な例はこのようにして得られる．

例1　p を任意の素数，ν を有理数体 $\boldsymbol{Q}$ の周知の p 進付値とすれば，$\boldsymbol{Q}$ の ν に関する完備化は即ち p 進数体 $\boldsymbol{Q}_p$ である．ν は正規付値であるから上の注意により $\boldsymbol{Q}_p$ は完備体となる．$\boldsymbol{Q}_p$ の付値環は p 進整数環 $\boldsymbol{Z}_p$，最大イデアルは

$p\boldsymbol{Z}_p$，従って剰余体は $\boldsymbol{Z}_p/p\boldsymbol{Z}_p$ であって，これは p 個の元から成る有限体 $\boldsymbol{F}_p$ である．

例2　F を任意の体とする時，F の元を係数とし高々有限個の負巾項を持つ形式的巾級数

$$\sum_{-\infty \ll n} a_n X^n, \qquad a_n \in F$$

の全体 $F((X))$ は F の拡大体を成す．上の巾級数が 0 でないとし，a_{n_0} がその 0 でない最初の係数である時

$$\nu\Big(\sum_{-\infty \ll n} a_n X^n\Big) = n_0$$

と定義すれば，(勿論 $\nu(0)=+\infty$ として) ν は $F((X))$ の完備な正規付値となる．(読者は ν が実際完備であることを自ら確かめられたい．) 従って $(F((X)),\nu)$ は完備体である．$F((X))$ の付値環は整級数の全体 $F[[X]]$，最大イデアルは $(X)=XF[[X]]$，従って剰余体は $F[[X]]/XF[[X]]=F$ となる．$F((X))$ は有理函数体 $F(X)$ を含み，ν の射影 $\nu|F(X)$ は多項式環 $F[X]$ の素イデアル $XF[X]$ から ($\boldsymbol{Q}$ における p 進付値と同様に) 定義される $F(X)$ の正規付値である．そして $(F((X)),\nu)$ は $F(X)$ の $\nu|F(X)$ に関する完備化に他ならない．

さて (k,ν) を任意の完備体とし，その剰余体 $\mathfrak{k}=\mathfrak{o}/\mathfrak{p}$ の $\mathfrak{o}$ における完全代表系を A とする；即ち A は $\mathfrak{o}/\mathfrak{p}$ の各剰余類から一つずつ代表元を選んで得られた $\mathfrak{o}$ の部分集合である．但し $\mathfrak{k}=\mathfrak{o}/\mathfrak{p}$ の零元である $\mathfrak{p}$ の代表元としては k の零元 0 を選ぶことにする．k の素元を π とする時，ν が完備であるから，

$$\sum_{-\infty \ll n} a_n \pi^n, \qquad a_n \in A$$

なる形の級数は k の $\mathfrak{p}$ 進位相に関して k 内で収束し，k の元 x を与える．上の級数において 0 でない最初の係数を a_{n_0} とすれば，$a_{n_0} \in \mathfrak{o}$, $a_{n_0} \notin \mathfrak{p}$，即ち $\nu(a_{n_0})=0$ であるから

$$\nu(x) = n_0$$

となることは容易にわかる．

定理1(展開定理)　A, π を上の通りとする時，逆に完備体 k の任意の元 x は収束する級数として次のような形に一意的に書き表わされる:

$$x = \sum_{-\infty \ll n} a_n \pi^n, \qquad a_n \in A.$$

特に

$$\mathfrak{o} = \left\{ \sum_{n=0}^{\infty} a_n \pi^n \,\middle|\, a_n \in A \right\}, \qquad \mathfrak{p} = \left\{ \sum_{n=1}^{\infty} a_n \pi^n \,\middle|\, a_n \in A \right\}.$$

証明　$x \neq 0$, $\nu(x) = n_0$ とすれば $\nu(\pi^{-n_0} x) = 0$ となるから，$\nu(x) = 0$ の場合に定理を証明すれば十分である．仮定により $x \in \mathfrak{o}$ であるから $x \equiv a_0 \mod \mathfrak{p}$ を満足する $a_0 \in A$ が存在するが，$x \notin \mathfrak{p}$ であるから $a_0 \neq 0$. $\mathfrak{p} = \mathfrak{o}\pi$ であるから $x = a_0 + x'\pi$, $x' \in \mathfrak{o}$. よって $x' \equiv a_1 \mod \mathfrak{p}$, $a_1 \in A$, とすれば $x \equiv a_0 + a_1\pi \mod \mathfrak{p}^2$. 同様に $\mathfrak{p}^2 = \mathfrak{o}\pi^2$, $x = a_0 + a_1\pi + x''\pi^2$, $x'' \in \mathfrak{o}$, より $x \equiv a_0 + a_1\pi + a_2\pi^2 \mod \mathfrak{p}^3$. かくして A の元 $a_0, a_1, a_2, \cdots$ が定まり，明らかに $x = \sum_{n=0}^{\infty} a_n \pi^n$ となる．a_n の一意性も上の説明から明白であろう．(なお次の系の証明参照.) また上の公式 $\nu(x) = n_0$ から $\mathfrak{o}, \mathfrak{p}$ に関する等式が得られる．

系　集合 A に疎(discrete)な位相を与え，また可算個の A の積集合

$$A^\infty = \{(a_0, a_1, a_2, \cdots) \mid a_n \in A\}$$

にその積位相を与える時

$$(a_0, a_1, a_2, \cdots) \longmapsto \sum_{n=0}^{\infty} a_n \pi^n$$

は位相空間 A^∞ から $\mathfrak{o}$ への同相写像を定義する．

証明　$x = \sum_{n=0}^{\infty} a_n \pi^n$, $y = \sum_{n=0}^{\infty} b_n \pi^n$, $a_n, b_n \in A$, とする時，任意の $i \geq 1$ に対し，帰納法により

$$x \equiv y \mod \mathfrak{p}^i \Longleftrightarrow a_0 = b_0,\ a_1 = b_1,\ \cdots,\ a_{i-1} = b_{i-1}$$

が容易に証明される．よって積位相の定義により系の主張は明白．

注意　一般に各整数 n に対し，$\nu(\pi_n) = n$ を満足する k の元 π_n を一つずつ定めておけば，k の任意の元 x は

$$x = \sum_{-\infty \ll n} a_n \pi_n, \qquad a_n \in A$$

なる形に一意的に表わされることが定理1と同様に証明される．定理1は$\pi_n = \pi^n$とした特別な場合である．

次に完備体の有限次拡大体を考察する．

定理2　(k, ν)を完備体，k'をkの任意の有限次拡大体とする時，k'上の正規付値ν'で

$$\nu' | k \sim \nu$$

を満足するものがただ一つ存在する．ν'は完備であって，従って(k', ν')はまた完備体となる．

証明　§1.2，補題2によりνはk'の完備な付値μに一意的に延長され，かつ$n = [k':k]$とする時

$$n\mu(k'^{\times}) \subseteq \nu(k^{\times}) = \boldsymbol{Z},$$
$$e = e(\mu/\nu) = [\mu(k'^{\times}) : \nu(k^{\times})] < +\infty.$$

故に

$$\nu' = e\mu$$

とおけば

$$\nu'(k'^{\times}) = \boldsymbol{Z}, \qquad \nu' | k = e\nu \sim \nu.$$

ν'の一意性はνの延長μの一意性から知られる．

今後完備体kの有限次拡大体k'はいつも上の意味で(即ち上の定理の付値ν'についての)完備体と考えることにする．$e = e(\mu/\nu)$は

$$\nu' | k = e\nu$$

からもわかるように(k, ν)と(k', ν')とにより一意的に定まるから，これを

$$e(k'/k)$$

と書いて拡大k'/kの**分岐指数**と呼ぶ．また(k', ν')の剰余体を$\mathfrak{k}' = \mathfrak{o}'/\mathfrak{p}'$とすれば，$\nu' \sim \mu$であるから$\mathfrak{k}'$は同時に$\mu$の剰余体であつて，従って§1.2により$\mathfrak{k} \subseteq \mathfrak{k}'$,

$f(\mu/\nu)=[\mathfrak{k}':\mathfrak{k}]$. この $[\mathfrak{k}':\mathfrak{k}]$ も完備体の拡大 k'/k により一意的に定まるから，それをまた

$$f(k'/k)$$

と記して，k'/k の**剰余次数**と呼ぶことにする．次に $f(k'/k)$ が有限であることを証明しよう．そのため $\{\omega_1, \cdots, \omega_s\}$ を $\mathfrak{k}$ 上に一次独立な $\mathfrak{k}'=\mathfrak{o}'/\mathfrak{p}'$ の任意の有限部分集合とし，各剰余類 ω_i, $1\leq i\leq s$, からそれを代表する $\mathfrak{o}'$ の元 ξ_i を一つずつ定める．さてすべてが 0 ではない k の元 $x_1, \cdots, x_s$ に対し

$$\sum_{i=1}^{s} x_i\xi_i = 0$$

と仮定し，$x_1\neq 0$, $\nu(x_1)\leq\nu(x_i)$, $1\leq i\leq s$, とする．$y_i=x_i/x_1$, $1\leq i\leq s$, とおけば，$\sum_{i=1}^{s} y_i\xi_i=0$, $y_i\in\mathfrak{o}$, 特に $y_1=1$. よって $\bmod \mathfrak{p}'$ で考えれば ω_1 は $\omega_2, \cdots, \omega_s$ の $\mathfrak{k}$ 上の一次結合となり仮定に反する．故に $\xi_1, \cdots, \xi_s$ は k 上に一次独立で，$s\leq n=[k':k]$. 従って $f(k'/k)=[\mathfrak{k}':\mathfrak{k}]\leq n$ が得られる．

定理 3 k'/k を上述の通りとし，$e=e(k'/k)$, $f=f(k'/k)$, $n=[k':k]$ とすれば

$$ef = n.$$

証明 $\mathfrak{k}'$ の $\mathfrak{k}$ 上の底を $\omega_1, \cdots, \omega_f$ とし，上と同様に各剰余類 ω_i からそれを代表する $\mathfrak{o}'$ の元 ξ_i を一つずつ定める．A を定理 1 に述べたような $\mathfrak{k}=\mathfrak{o}/\mathfrak{p}$ の完全代表系とすれば

$$A' = \left\{\sum_{i=1}^{f} a_i\xi_i \,|\, a_i\in A\right\}$$

は明らかに 0 を含む $\mathfrak{k}'=\mathfrak{o}'/\mathfrak{p}'$ の完全代表系となる．また k の素元 π, k' の素元 π' を定め，任意の整数 $m=te+j$, $t\in\boldsymbol{Z}$, $0\leq j<e$, に対し

$$\pi_m = \pi^t\pi'^j$$

とおけば，$\nu'(\pi)=e\nu(\pi)=e$ より $\nu'(\pi_m)=m$ を得る．よって定理 1 の後の注意により k' の任意の元 x' は

$$\sum_{-\infty\ll m} \alpha_m\pi_m, \qquad \alpha_m\in A'$$

なる形に一意的に書き表わされる．$\alpha_m=\sum_{i=1}^{f} a_{m,i}\xi_i$, $a_{m,i}\in A$, とすれば

$$x'=\sum_{i,j} x_{ij}\xi_i\pi'^j, \qquad x_{ij}=\sum_t a_{te+j,i}\pi^t \in k$$

となるから，$\xi_i\pi'^j$, $1\leq i\leq f$, $0\leq j<e$, が k'/k の底となることが直ちに知られる．よって特に $ef=n$.

系　(k',ν') を定理 2 に述べた通りとする時，

$$\nu'(x')=\frac{1}{f}\nu(N_{k'/k}(x')), \qquad x'\in k'.$$

証明　§1.2，補題 2 及び $\nu'=e\mu$, $n=ef$ より明らか．

$e=e(k'/k)$, $f=f(k'/k)$ はまた k, k' の素元 π, π' の付値により表わすことが出来る．既に定理 3 の証明中に述べたように

$$e=\nu'(\pi).$$

一方定理 3 の系において $x'=\pi'$ とおけば

$$f=\nu(N_{k'/k}(\pi')).$$

上の k' の有限次拡大体を k'' とすれば，定理 2 により k'' も完備体となるが，定義から直ちに公式

$$e(k''/k)=e(k''/k')e(k'/k), \qquad f(k''/k)=f(k''/k')f(k'/k)$$

が得られる．

さて拡大 k'/k において，特に

$$e=1, \qquad f=n$$

である時，k'/k を**不分岐拡大**，k' を k の**不分岐拡大体**と呼び[3]，また

$$e=n, \qquad f=1$$

3)　Artin [1] では $e=1$, $f=n$ の他に剰余体の拡大 $\mathfrak{k}'/\mathfrak{k}$ が分離的である時に限り k'/k を不分岐拡大と呼んでいる．その方が合理的な定義であるが，後章で考察する k'/k においては $\mathfrak{k}$ は有限体で従って $\mathfrak{k}'/\mathfrak{k}$ は常に分離拡大であるから，どちらの定義によっても同じことになる．

の時，k'/k を**完全分岐拡大**と呼ぶ．上述の注意により，k'/k が不分岐であるためには，k の素元 π が同時にまた k' の素元であることが必要かつ十分な条件である．一方 k'/k が完全分岐であるためには，k' の素元を π' とする時，$N_{k'/k}(\pi')$ が k の素元となることが必要かつ十分である．しかもこの場合 $k'=k(\pi')$ となる；$k'\neq k(\pi')$ ならば $\nu(N_{k'/k}(\pi'))\geq[k':k(\pi')]>1$ となるから．また k'/k が完全分岐ならば $f=[\mathfrak{k}':\mathfrak{k}]=1$，即ち $\mathfrak{k}'=\mathfrak{k}$，であるから，$k$ の剰余体 $\mathfrak{k}=\mathfrak{o}/\mathfrak{p}$ の $\mathfrak{o}$ における完全代表系 A は同時に k' の剰余体 $\mathfrak{k}'=\mathfrak{o}'/\mathfrak{p}'$ の $\mathfrak{o}'$ における完全代表系となる．よって k' の素元を π' とする時，定理1により

$$\mathfrak{o}' = \left\{\sum_{n=0}^{\infty} a_n \pi'^n \,|\, a_n \in A \subseteq \mathfrak{o}\right\}.$$

一方 a_n, $n\geq 0$, を $\mathfrak{o}$ から任意に選ぶ時，$\sum_{n=0}^{\infty} a_n\pi'^n$ は常に $\mathfrak{o}'$ 内で収束するから

$$\mathfrak{o}' = \mathfrak{o}[[\pi']] = \left\{\sum_{n=0}^{\infty} a_n\pi'^n \,|\, a_n \in \mathfrak{o}\right\}$$

と書くことも出来る．(これから $k'=k(\pi')$ も得られる.)

§1.4 完備体のガロア拡大体

引続き (k,ν) を完備体とし，k' を k の有限次拡大体とする．本節では k'/k が特にガロア拡大である場合を考察し，k'/k のガロア群を

$$G = \mathrm{Gal}(k'/k)$$

とする．§1.2，補題3は G の任意の元 σ に対し適用されるから，σ は剰余体 $\mathfrak{k}'=\mathfrak{o}'/\mathfrak{p}'$ 及び一般に剰余環 $\mathfrak{o}'/\mathfrak{p}'^{i+1}$, $i\geq 0$, の自己同型をひきおこす．$\mathfrak{o}'/\mathfrak{p}'^{i+1}$ に恒等写像をひきおこすような G の元 σ の全体を G_i とする：

$$G_i = \{\sigma \,|\, \sigma\in G,\ \sigma(x')\equiv x' \mod \mathfrak{p}'^{i+1},\ \forall x'\in\mathfrak{o}'\}.$$

G_i は明らかに G の不変部分群で

$$\cdots \subseteq G_{i+1} \subseteq G_i \subseteq \cdots \subseteq G_1 \subseteq G_0 \subseteq G.$$

定理4 k'/k が特に完全分岐ガロア拡大であれば $G=G_0$ であってかつ十分大きな i に対しては $G_i=1$ となる．また G_0/G_1 は k の剰余体 $\mathfrak{k}$ の乗法群 $\mathfrak{k}^\times$ の部

分群に，G_i/G_{i+1}, $i\geq 1$, は$\mathfrak{k}$の加法群$\mathfrak{k}^+$の部分群に同型であって，従ってGは可解群である.

証明 k'/kは完全分岐であるから，k'の素元π'を定めれば前節の終りの注意により$\mathfrak{o}'=\mathfrak{o}[[\pi']]$. よって

$$G_i=\{\sigma\,|\,\sigma\in G,\ \sigma(\pi')\equiv\pi' \bmod \mathfrak{p}'^{i+1}\}$$

となる. §1.2, 補題3によりπ', $\sigma(\pi')$は共に$\mathfrak{p}'$に含まれるから$G=G_0$. また$k'=k(\pi')$より$\sigma\neq 1$ならば$\sigma(\pi')\neq\pi'$. 従って$i\geq\nu'(\sigma(\pi')-\pi')$の時$\sigma\notin G_i$. 故に$i$が十分大きければ$G_i=1$となる. 一方また上述の注意により，$\sigma$を$G_0$の任意の元とする時，$\sigma(\pi')\equiv x\pi' \bmod \mathfrak{p}'^2$を満足する$\mathfrak{o}$の元$x$, 但し$x\notin\mathfrak{p}$, が存在し，また$\sigma$が$G_i$, $i\geq 1$, の元であれば，$\sigma(\pi')\equiv\pi'+y\pi'^{i+1} \bmod \mathfrak{p}'^{i+2}$を満足する$\mathfrak{o}$の元$y$が存在する. そして写像$\sigma\mapsto x \bmod \mathfrak{p}$乃至$\sigma\mapsto y \bmod \mathfrak{p}$はそれぞれ単射準同型

$$G_0/G_1\longrightarrow\mathfrak{k}^\times,\qquad G_i/G_{i+1}\longrightarrow\mathfrak{k}^+$$

をひきおこすことが容易に確かめられる. よってG_i/G_{i+1}, $i\geq 0$, は勿論アーベル群で，また十分大きなiに対しては$G_i=1$であるからGは可解群である.

注意 一般に，k'/kが必ずしも完全分岐でない場合，剰余体$\mathfrak{k}'$の$\mathfrak{k}$上の自己同型群を$\mathrm{Aut}(\mathfrak{k}'/\mathfrak{k})$とすれば

$$G/G_0\simeq\mathrm{Aut}(\mathfrak{k}'/\mathfrak{k})$$

となり，またG_0は常に可解群であることが証明される.

次に更に特別な場合として，pを任意の素数とし，k'/kがp次の完全分岐巡回拡大である場合を考察する. この場合$G=\mathrm{Gal}(k'/k)$は位数pの巡回群であるから，上の定理により適当な整数$s\geq 1$が存在して

$$G=G_0=\cdots=G_{s-1},\qquad G_s=1$$

となる. $\sigma\in G$, $\sigma\neq 1$, とすれば$\sigma\in G_{s-1}$, $\sigma\notin G_s$であるから，前定理の証明におけるG_iの定義より

$$\nu'(\pi'-\sigma(\pi'))=s$$

を得る．さて§1.1に定義したように$U_s=1+\mathfrak{p}^s$とし，またk'の単数群をU'とする時，後に極めて重要な役割を果す次の定理が成立する：

定理5 k'からkへのノルムを$N_{k'/k}$とする時

$$U_s \subseteq N_{k'/k}(U').$$

証明 k'の素元をπ'とすれば，k'/kは完全分岐であるから$k'=k(\pi')$．よってπ'を根とする$k[X]$の既約多項式を

$$f(X) = X^p + c_1X^{p-1} + \cdots + c_p, \qquad c_i \in k$$

とおく．c_iは$\sigma(\pi')$, $\sigma\in G$, の対称式で，$\sigma(\pi')\in\mathfrak{p}'$であるから明らかに$\nu(c_i)\geq 1$.（補題4の後の注意参照.）またこの場合$f(k'/k)=1$であるから定理3の系により$\nu(c_p)=\nu(\pm N_{k'/k}(\pi'))=\nu'(\pi')=1$．即ち$f(X)$はいわゆるEisenstein多項式である．さて$U_s$の任意の元$u$をとり

$$g(X) = X^p + c_1X^{p-1} + \cdots + c_{p-1}X + uc_p$$

とおけば，$\nu(uc_p)=\nu(c_p)=1$であるから$g(X)$もまたEisenstein多項式で，従ってよく知られているように$k[X]$において既約である．k'に$g(X)$の一つの根αを添加して得られる体をFとし，$k''=k(\alpha)$とする：

$$F = k'(\alpha) = k'k'', \qquad k'' = k(\alpha), \qquad g(\alpha) = 0.$$

さて$k'\neq k''$と仮定しよう．$p=[k':k]$は素数であるから，この場合$k'\cap k''=k$，従ってF/k''はp次の巡回拡大で$\mathrm{Gal}(F/k'')=\mathrm{Gal}(k'/k)=G$となる．よって完備体$F$の正規付値を$\tilde{\nu}$とする時，§1.2，補題3により任意の$\sigma\in G$に対し

$$\tilde{\nu}(\alpha-\sigma(\pi')) = \tilde{\nu}(\sigma(\alpha-\pi')) = \tilde{\nu}(\alpha-\pi').$$

故に$e=e(F/k')$，$\tilde{\nu}\,|\,k'=e\nu'$とする時

$$e\nu'(\pi'-\sigma(\pi')) = \tilde{\nu}(\pi'-\alpha+\alpha-\sigma(\pi')) \geq \tilde{\nu}(\alpha-\pi').$$

$\sigma\neq 1$ならば$\nu'(\pi'-\sigma(\pi'))=s$であるから上より特に

$$\tilde{\nu}(\alpha-\pi') \leq es$$

を得る．従って

$$f(X) = \prod_{\sigma\in G}(X-\sigma(\pi'))$$

より

$$\tilde{\nu}(f(\alpha)) = \sum_{\sigma \in G} \tilde{\nu}(\alpha - \sigma(\pi')) = p\tilde{\nu}(\alpha - \pi') \leq pes.$$

一方 k'/k は完全分岐で $e(k'/k)=p$, $\tilde{\nu}|k=e\nu'|k=ep\nu$. また $\nu(c_p)=1$, $u \in U_s = 1+\mathfrak{p}^s$ であるから

$$\tilde{\nu}(f(\alpha)) = \tilde{\nu}(f(\alpha)-g(\alpha)) = \tilde{\nu}(c_p - uc_p)$$
$$= ep\nu(c_p(1-u)) \geq ep(1+s).$$

これは上の不等式と矛盾する．よって $k'=k''$, $F=k'$, $\alpha \in k'$ が証明された．$g(X)$ は $k[X]$ において既約であったから，$g(\alpha)=0$ より $N_{k'/k}(\alpha)=(-1)^p uc_p$, 従って再び定理3の系により $\nu'(\alpha)=\nu(uc_p)=1$. しかるに $N_{k'/k}(\pi')=(-1)^p c_p$, $\nu'(\pi')=1$ であるから，$\xi=\alpha/\pi'$ とすれば

$$u = N_{k'/k}(\xi), \qquad \xi \in U'.$$

これで定理は証明された．

第2章　閉 完 備 体

本章では剰余体が代数的閉体であるような完備体を考察する．適当な術語が見当らないので，本書ではこのような体を仮りに**閉完備体**と呼ぶことにする．例えば，F を任意の代数的閉体とする時，§1.3，例2の巾級数体 $F((X))$ は閉完備体である．閉完備体について初めて本質的な研究をすすめたのは Serre [12] であろう．ここでは後章に用いられる一，二の結果を証明するにとどめる．

§2.1　ノルム写像

K を完備な正規付値 ν_K についての閉完備体とし，$\mathfrak{o}_K, \mathfrak{p}_K$ をそれぞれ K の付値環，最大イデアルとする．定義により剰余体 $\mathfrak{k}_K=\mathfrak{o}_K/\mathfrak{p}_K$ は代数的閉体である．

補題1　K の任意の有限次拡大体 L はまた閉完備体であって L/K は常に完全分岐拡大である．特に L/K がガロア拡大ならば $\mathrm{Gal}(L/K)$ は可解群である．

証明　§1.3，定理2により，L は $\nu_L|K\sim\nu_K$ を満足するただ一つの正規付値 ν_L について完備体である．L の剰余体を $\mathfrak{k}_L=\mathfrak{o}_L/\mathfrak{p}_L$，$e=e(L/K)$，$f=f(L/K)$ とすれば，§1.3，定理3により $ef=n=[L:K]$．定義により $f=[\mathfrak{k}_L:\mathfrak{k}_K]$ であるが，$\mathfrak{k}_K$ は代数的閉体で f は有限であるから，$\mathfrak{k}_L=\mathfrak{k}_K$，$f=1$，従って $e=n$ を得る．よって L も閉完備体で，L/K は完全分岐である．L/K がガロア拡大の時 $\mathrm{Gal}(L/K)$ が可解群となることは§1.4，定理4による．

さて L/K を上述の通りとし，L から K へのノルムを，$N_{L/K}$，または単に N

と記すことにすれば，ノルム写像は乗法群の準同型

$$N = N_{L/K} : L^\times \longrightarrow K^\times$$

を与える．K の単数群を U_K，または単に U と記し，その部分群 U_i, $i\geq 0$, を §1.1 におけるように

$$U_0 = U = U_K, \qquad U_i = 1+\mathfrak{p}_K{}^i, \qquad i\geq 1$$

により定義する．同様に L の単数群を $U_L=U'=U_0'$ とし，また $U_i'=1+\mathfrak{p}_L{}^i$, $i\geq 1$, とおく．さて §1.3, 定理 3, 系の公式により，$N:L^\times\to K^\times$ は $U'=U_L$ を $U=U_K$ の中に写像する：

$$N(U') \subseteq U.$$

一方 L の素元を π' とすれば，$f=f(L/K)=1$ であるから上述の公式より，$\pi=N(\pi')$ は K の素元となり，従って(§1.1)

$$L^\times = \langle\pi'\rangle\times U', \qquad K^\times = \langle\pi\rangle\times U.$$

よって次の二つの等式は同値であることがわかる：

$$N(L^\times) = K^\times, \qquad N(U') = U.$$

次にこれらの等式が実際に成立つことを数段に分けて証明する．

補題 2 L/K が素数次の巡回拡大であれば $N(U')=U$.

証明 $[L:K]=p$, $G=\mathrm{Gal}(L/K)$ とする．§1.4, 定理 5 のはじめに述べたように，この場合適当な整数 $s\geq 1$ があって

$$G = G_0 = \cdots = G_{s-1}, \qquad G_s = 1.$$

また $\sigma\in G$, $\sigma\neq 1$, に対し

$$\nu_L(\pi'-\sigma(\pi')) = s \tag{1}$$

となる．同定理により $U_s\subseteq N(U')$ であるから，$0\leq i<s$ を満足する任意の i に対し，U_i/U_{i+1} の各剰余類が $N(U')$ の元を含むことを言えば補題は証明される．まず $i=0$ の場合を考える．$U=U_0$ の任意の元 u が与えられた時，$\mathfrak{k}_K=\mathfrak{o}_K/\mathfrak{p}_K$ は代数的閉体であるから，$x^p\equiv u \bmod \mathfrak{p}_K$ を満足する $\mathfrak{o}_K$ の元 x が存在し，かつ x は勿論 U, 従って U' に含まれる．$N(x)=x^p$ であるから，これにより U_0/U_1 の各剰余類は $N(U')$ の元により代表されることがわかる．(以上の議

論では L/K が素数次の巡回拡大であることを必要としない.)

よって以下 $i\geq 1$, 従って $s\geq 2$ と仮定してよい. まず $p\nmid i$ の場合を考える. (例えば $i=1$.) $\alpha=\pi'^i$ とおけば, §1.2, 補題3により任意の $\sigma\in G$, $\sigma\neq 1$, に対し $\nu_L(\sigma(\pi'))=\nu_L(\pi')=1$ となるから (1) により

$$\nu_L(\alpha-\sigma(\alpha)) = \nu_L(\pi'-\sigma(\pi'))+\nu_L(\pi'^{i-1}+\cdots+\sigma(\pi')^{i-1}) \geq s+i-1.$$

次に

$$f(X) = \prod_{\sigma\in G}(X-\sigma(\alpha)) = X^p+a_1X^{p-1}+\cdots+a_p, \qquad a_i\in K$$

とし, 多項式 $f(X)$ を微分して $X=\alpha$ とおけば

$$\prod_{\sigma\neq 1}(\alpha-\sigma(\alpha)) = p\alpha^{p-1}+(p-1)a_1\alpha^{p-2}+\cdots+a_{p-1}.$$

よって上の $\nu_L(\alpha-\sigma(\alpha))$ に対する不等式より

$$\nu_L\left(\sum_{t=0}^{p-1}(p-t)a_t\alpha^{p-t-1}\right) \geq (p-1)(s+i-1), \qquad \text{但し}\quad a_0=1.$$

しかるに $e(L/K)=p$, $\nu_L|K=p\nu_K$, $(p-t)a_t\in K$ であるから, $(p-t)a_t\neq 0$ であれば

$$\nu_L((p-t)a_t\alpha^{p-t-1}) \equiv (p-t-1)i \mod p, \qquad 0\leq t\leq p-1.$$

仮定により $p\nmid i$ であるから, 上の合同式から $\nu_L((p-t)a_t\alpha^{p-t-1})$, $0\leq t\leq p-1$, は $+\infty$ でなければ相異なる整数である. よって $\nu_L\left(\sum_{t=0}^{p-1}(p-t)a_t\alpha^{p-t-1}\right)$ は $\nu_L((p-t)a_t\alpha^{p-t-1})$, $0\leq t\leq p-1$, の最小値に等しく, 従ってすべての t, $0\leq t\leq p-1$, に対し $\nu_L((p-t)a_t\alpha^{p-t-1})\geq(p-1)(s+i-1)$, 即ち

$$\nu_L((p-t)a_t) \geq (p-1)(s+i-1)-(p-t-1)i = (p-1)(s-1)+ti$$

が成立する. 特に $t=0$ とすれば, $a_0=1$ は K の単位元でまた $s\geq 2$ であるから

$$\nu_L(p\cdot 1) \geq (p-1)(s-1) > 0. \tag{2}$$

故に $1\leq t\leq p-1$ ならば $\nu_L((p-t)\cdot 1)=0$ であって, 従って

$$\nu_L(a_t) = \nu_L((p-t)a_t) \geq (p-1)(s-1)+ti \geq (p-1)i+i = pi,$$

即ち

$$\nu_K(a_t) \geq i, \qquad 1\leq t\leq p-1$$

を得る. 一方 $\nu_K(a_p)=\nu_K(\pm N(\pi'^i))=\nu_L(\pi'^i)=i$ であるから

$$a_t = b_t\pi^i, \qquad 1\leq t\leq p$$

とおけばすべての b_t は $\mathfrak{o}_K$ に属し，特に b_p は $U=U_K$ に含まれる．よって $\mathfrak{k}_K=\mathfrak{o}_K/\mathfrak{p}_K$ が代数的閉体であることを用いれば，$\mathfrak{o}_K$ の任意の元 a に対し

$$b_1x+b_2x^2+\cdots+b_px^p \equiv a \mod \mathfrak{p}_K$$

を満足する $x\in\mathfrak{o}_K$ が存在する．この x を用いれば

$$\begin{aligned} N(1-x\alpha) &= 1+a_1x+\cdots+a_px^p \\ &= 1+(b_1x+\cdots+b_px^p)\pi^i \equiv 1+a\pi^i \mod \mathfrak{p}_K{}^{i+1}. \end{aligned}$$

$1-x\alpha$ は勿論 $U'=U_L$ に属し，また U_i は $1+a\pi^i$, $a\in\mathfrak{o}_K$, なる形の元から成るからこれで U_i/U_{i+1} のすべての剰余類が $N(U')$ の元を含むことがわかった.

最後に，$i\geq1$, $s\geq2$, $p|i$ の場合には $i=pj$, $\alpha=\pi^j$ として

$$\begin{aligned} f(X) &= \prod_{\sigma\in G}(X-\sigma(\alpha)) = (X-\alpha)^p \\ &= X^p+a_1X^{p-1}+\cdots+a_p, \qquad a_t = (-1)^t\binom{p}{t}\alpha^t \end{aligned}$$

とおく．$1\leq t\leq p-1$ であれば $\binom{p}{t}$ は p で割れるから (2) を用いて ((2) は $i=1$ の場合に証明されている)

$$\nu_L(a_t) \geq (p-1)(s-1)+pjt \geq (p-1)i+i = pi.$$

従って再び

$$\nu_K(a_t) \geq i, \qquad 1 \leq t \leq p-1$$

を得る．$\nu_K(a_p)=\nu_K(\alpha^p)=\nu_K(\pi^i)=i$ であるから，後は上と全く同様にして U_i/U_{i+1} の各剰余類が $N(U')$ の元により代表されることがわかる．これで補題は証明された.

補題3 K の標数が $p>0$ で L/K が p 次の純非分離拡大であれば，やはり $N(U')=U$ が成立する.

証明 この場合 L の任意の元 α に対し $N(\alpha)=\alpha^p$ となり，また補題1により L/K は完全分岐であるから，特に L の素元 π' に対し $\pi=N(\pi')=\pi'^p$ は K の素元となる．さて $U_i=1+\mathfrak{p}_K{}^i$, $i\geq1$, の任意の元を $u=1+a\pi^i$, $a\in\mathfrak{o}_K$, とする時, $\mathfrak{k}_K=\mathfrak{o}_K/\mathfrak{p}_K$ は代数的閉体であるから $x^p\equiv a \mod \mathfrak{p}_K$ を満足する $x\in\mathfrak{o}_K$ が存在する．よって $\alpha=1+x\pi'^i$ とおけば，α は $U_i'=1+\mathfrak{p}_L{}^i$ に属し

$$N(\alpha) = \alpha^p = 1 + x^p \pi'^{ip} \equiv 1 + a\pi^i = u \mod \mathfrak{p}_K{}^{i+1}.$$

よって U_i/U_{i+1} の各剰余類は $N(U_i')$ の元により代表されることがわかる．同様なことが $i=0$ の時にも成立することは既に前補題の証明のはじめに注意した．それ故 $U=U_0$ の元 u が任意に与えられた時，U' の元 $\alpha_0, \alpha_1, \alpha_2, \cdots$ を次々に定めて，すべての $i \geq 0$ に対し

$$\alpha_i \in U_i' = 1 + \mathfrak{p}_L{}^i, \qquad N(\alpha_0 \alpha_1 \cdots \alpha_i) \equiv u \mod \mathfrak{p}_K{}^{i+1}$$

を満足させることが出来る．L は ν_L に関して完備であるから，無限積

$$\alpha = \prod_{i=0}^{\infty} \alpha_i$$

は L 内で収束し，明らかに

$$\alpha \in U', \qquad N(\alpha) = u$$

となる．よって $N(U')=U$.

以上の準備により，閉完備体の理論において基本的な次の定理を証明することが出来る:

定理1　L を閉完備体 K の任意の有限次拡大体とする時

$$N(L^\times) = K^\times, \qquad N(U_L) = U_K.$$

証明　既に注意したように U に関する等式を証明すれば十分である．さて L/K は有限次拡大であるから，$K[X]$ の多項式 $f(X)$ を適当にとれば，L は $f(X)$ の K 上の分解体 M に含まれる: $K \subseteq L \subseteq M$. M に含まれる K 上の最大分離拡大体を M' とすれば，M'/K はガロア拡大で，補題1により $\mathrm{Gal}(M'/K)$ は可解群である．よって M'/K の中間体の系列: $K=M_0 \subset M_1 \subset \cdots \subset M_n = M'$ を適当にとれば，各 M_i/M_{i-1}, $1 \leq i \leq n$, を素数次の巡回拡大とすることが出来る．よって補題2により $N(U_{M_i}) = U_{M_{i-1}}$, $1 \leq i \leq n$, 従って $N(U_{M'}) = U_K$ を得る．但しここでは N は M_i から M_{i-1}, 乃至, M' から K へのノルム写像を意味する．以下も同様．一方，M/M' は純非分離拡大であるから，$M \neq M'$ とすれば M' の標数は $p>0$ で，中間体の系列: $M'=M_0' \subset M_1' \subset \cdots \subset M_m' = M$,

$[M_i' : M'_{i-1}]=p$, $1\leq i\leq m$, が存在する．よって補題3を用いれば上と同様にして$N(U_M)=U_{M'}$が証明され，従って$N(U_{M'})=U_K$と併せて$N(U_M)=U_K$が得られる．$K\subseteq L\subseteq M$であるから，これより明らかに$N(U_L)=U_K$となる．

Serre [11], Chap. 5, §3では任意の完備体に対しノルム写像が詳しく調べられ，その特別な場合として閉完備体に対する上記定理1が証明されている．その証明では完備体の共役差積に関する結果を必要とするが，我々はそれを避けてその代りに前章§1.4の定理5を用いた．いずれにせよ，定理1のもっと簡明な証明が欲しいところである．

§2.2　基本完全系列

引続きKを任意の閉完備体とし，LをKの任意の有限次拡大体，ν_K, ν_L, $\mathfrak{k}_K=\mathfrak{k}_L$等を前節のはじめに述べた通りとする．以下本節では特にL/Kがガロア拡大である場合を考察し

$$G=\mathrm{Gal}(L/K)$$

とおく．§1.2，補題3により，$L^\times$の任意の元α及びGの任意の元σに対し，$\alpha^{\sigma-1}=\sigma(\alpha)/\alpha$は$L$の単数群$U_L$に含まれる．よって

$$\xi^{\sigma-1}=\sigma(\xi)/\xi, \qquad \xi\in U_L,\ \sigma\in G$$

なる形のすべての元$\xi^{\sigma-1}$により生成されるU_Lの部分群を

$$V_{L/K}$$

と記す．次にLの素元π'を定め，Gの任意の元σに対し$\pi'^{\sigma-1}=\sigma(\pi')/\pi'$を含む$U_L/V_{L/K}$の剰余類を$i(\sigma)$と書くことにする：

$$i(\sigma)=\sigma(\pi')/\pi' \bmod V_{L/K}.$$

補題4　$i(\sigma)$はσにだけ依存し，Lの素元π'のとり方に無関係である．しかも$\sigma\mapsto i(\sigma)$は準同型

$$i: G\longrightarrow U_L/V_{L/K}$$

を定義する.

証明 π_1' を L の別の素元とすれば $\pi_1'=\pi'\xi$, $\xi\in U_L$. よって

$$\sigma(\pi_1')/\pi_1' = (\sigma(\pi')/\pi')(\sigma(\xi)/\xi) \equiv \sigma(\pi')/\pi' \mod V_{L/K}.$$

即ち $i(\sigma)$ は π' のとり方に依存しない. $\tau\in G$ とすれば $\tau(\pi')$ も L の素元であるから

$$(\sigma\tau)(\pi') = (\sigma(\tau(\pi'))/\tau(\pi'))(\tau(\pi')/\pi')$$

より $i(\sigma\tau)=i(\sigma)\,i(\tau)$ を得る.

$U_L/V_{L/K}$ は勿論アーベル群であるから, G の交換子群を $G'=[G,G]$ とし

$$G^{ab} = G/G'$$

とする時, 上の $i: G\to U_L/V_{L/K}$ はまた準同型

$$G^{ab} \longrightarrow U_L/V_{L/K}$$

をひきおこす. 簡単のためにこの誘導された準同型も再び i と記すことにする. 一方 L/K のノルム写像を前のように $N=N_{L/K}$ とすれば, 明らかに $L^\times$ の任意の元 α に対し $N(\sigma(\alpha)/\alpha)=1$. よって特に $N(V_{L/K})=1$. 故にノルム写像は準同型

$$N = N_{L/K} : U_L/V_{L/K} \longrightarrow U_K$$

を定義し, 従ってアーベル群の間の準同型の系列

$$1 \longrightarrow G^{ab} \xrightarrow{\ i\ } U_L/V_{L/K} \xrightarrow{\ N\ } U_K \longrightarrow 1 \tag{3}$$

が得られる. 次にこれが完全系列であることを数段に分けて証明する. N: $U_L/V_{L/K}\to U_K$ が全射であることは前節の定理1より明白. また先の注意により $\mathrm{Im}(i)\subseteq\mathrm{Ker}(N)$ も明らかである. よって $G^{ab}\xrightarrow{i}U_L/V_{L/K}$ が単射であること, 及び $\mathrm{Ker}(N)\subseteq\mathrm{Im}(i)$ を証明すればよい.

補題5 L/K が巡回拡大ならば(3)は完全系列である.

証明 $[L:K]=n$ とすれば $G=\mathrm{Gal}(L/K)$ は位数 n の巡回群で勿論 $G=G^{ab}$. G の生成元を ρ とすれば容易にわかるように

$$V_{L/K} = U_L{}^{\rho-1} = \{\xi^{\rho-1}=\rho(\xi)/\xi \mid \xi\in U_L\}.$$

故に $\sigma=\rho^a$ が Ker(i) に含まれれば，$i(\sigma)=i(\rho)^a=1$ より

$$(\rho(\pi')/\pi')^a = \rho(\xi)/\xi$$

を満足する $\xi\in U_L$ が存在する．従って $x=\pi'^a/\xi$ は K の元となるが，補題1により L/K は完全分岐で $\nu_L|K=n\nu_K$ であるから

$$a = \nu_L(\pi'^a/\xi) = n\nu_K(x) \equiv 0 \mod n.$$

よって $\sigma=\rho^a=1$．これで Ker$(i)=1$ が証明された．次に U_L の元 η が $N(\eta)=1$ を満足すれば，周知の Hilbert の定理により

$$\eta = \alpha^{\rho-1}$$

を満足する $L^\times$ の元 α が存在する．$a=\nu_L(\alpha)$ とし，$\alpha=\pi'^a\xi$, $\xi\in U_L$, とおけば

$$\eta = (\rho(\pi')/\pi')^a(\rho(\xi)/\xi) \equiv \rho^a(\pi')/\pi' \mod V_{L/K}.$$

故に Ker$(N)\subseteq$Im(i) も証明された．

次に再び一般のガロア拡大 L/K を考察することとし，M を L/K の中間体でかつ K 上のガロア拡大体とする: $K\subseteq M\subseteq L$. Gal(L/K) の任意の元 σ を部分体 M の上に制限することにより Gal(M/K) の元 $\sigma'=\sigma|M$ が得られるが，$\sigma\mapsto\sigma'=\sigma|M$ は全射準同型

$$\mathrm{Gal}(L/K) \longrightarrow \mathrm{Gal}(M/K)$$

を定義する．一方 α を $L^\times$ の任意の元とする時，明らかに

$$N_{L/M}(\alpha^{\sigma-1}) = N_{L/M}(\sigma(\alpha)/\alpha) = \sigma'(N_{L/M}(\alpha))/N_{L/M}(\alpha) = N_{L/M}(\alpha)^{\sigma'-1}$$

が成立する．定理1により $N_{L/M}(U_L)=U_M$ であるから，上式より

$$N_{L/M}(V_{L/K}) = V_{M/K} \tag{4}$$

が得られる．従って特にノルム写像 $N_{L/M}$ は

$$U_L/V_{L/K} \longrightarrow U_M/V_{M/K}$$

をひきおこし，上述のガロア群の間の準同型と併せて，図式

$$\begin{array}{ccccc} \mathrm{Gal}(L/K) & \xrightarrow{i} & U_L/V_{L/K} & \xrightarrow{N} & U_K \\ \downarrow & & \downarrow & & \| \\ \mathrm{Gal}(M/K) & \xrightarrow{i} & U_M/V_{M/K} & \xrightarrow{N} & U_K \end{array} \tag{5}$$

が得られる．これが可換図式であることは，$N_{L/M}(\pi')$ が M の素元であること及び $N_{L/K}=N_{M/K}\circ N_{L/M}$ から直ちにわかる．

補題 6　$i: G^{ab}\to U_L/V_{L/K}$ は単射である．

証明　$G=\mathrm{Gal}(L/K)$ の交換子群 G' に含まれない G の任意の元を σ とする時，$G^{ab}=G/G'$ は有限アーベル群であるから

$$G' \subseteq H \subseteq G, \qquad G/H = \text{巡回群}, \qquad \sigma \notin H$$

を満足する G の不変部分群 H が存在する．H に対応する L/K の中間体を M とすれば，M/K はガロア拡大で $\mathrm{Gal}(M/K)=G/H$. 上述の如く $\sigma'=\sigma|M$ とすれば $\sigma\notin H$ であるから $\sigma'\neq 1$. しかるに前補題より $i: \mathrm{Gal}(M/K)\to U_M/V_{M/K}$ は単射，従って $i(\sigma')\neq 1$. 故に可換図式(5)より $i(\sigma)\neq 1$. よって $i: G^{ab}\to U_L/V_{L/K}$ は単射である．

定理 2　任意の有限次ガロア拡大 L/K に対し

$$1 \longrightarrow \mathrm{Gal}(L/K)^{ab} \xrightarrow{\ i\ } U_L/V_{L/K} \xrightarrow{\ N\ } U_K \longrightarrow 1$$

は完全系列である．

証明　はじめの注意及び上の補題 6 により $\mathrm{Ker}(N)\subseteq \mathrm{Im}(i)$ を言えば充分である．次にこれを $n=[L:K]$ に関する帰納法により証明する．$n=1$ の場合は自明であるから $n>1$ とする．補題 1 により L/K は可解拡大であるから

$$K\subseteq M\subseteq L, \qquad K\neq M, \qquad M/K = \text{巡回拡大}$$

を満足する中間体 M が存在する．上のように L の素元を π' とすれば，$N_{L/M}(\pi')$ は M の素元である．さて $\xi\in U_L$, $N_{L/K}(\xi)=1$ としよう．$\xi'=N_{L/M}(\xi)$ とおけば $\xi'\in U_M$, $N_{M/K}(\xi')=1$ となるが，補題 5 により図式(5)の下段の横列は完全であるから

$$\sigma'(N_{L/M}(\pi'))/N_{L/M}(\pi') \equiv \xi' \mod V_{M/K}$$

を満足する $\sigma'\in\mathrm{Gal}(M/K)$ が存在する．全射準同型 $\mathrm{Gal}(L/K)\to\mathrm{Gal}(M/K)$ において $\sigma\mapsto\sigma'$ とすれば上の合同式は

$$N_{L/M}(\sigma(\pi')/\pi') \equiv N_{L/M}(\xi) \mod V_{M/K}$$

と書かれる．よって(4)により $V_{L/K}$ の元 η を適当にとる時，$N_{L/M}(\sigma(\pi')/\pi')=N_{L/M}(\xi\eta)$ となる．即ち $\lambda=\xi\eta\pi'/\sigma(\pi')$ とおけば

$$\lambda\in U_L,\qquad N_{L/M}(\lambda)=1.$$

さて帰納法の仮定を拡大 L/M に適用すれば

$$\mathrm{Gal}(L/M)^{ab}\xrightarrow{\ i\ }U_L/V_{L/M}\xrightarrow{\ N\ }U_M$$

は完全系列であるから，上式より

$$\tau(\pi')/\pi'\equiv\lambda\mod V_{L/M}$$

を満足する $\tau\in\mathrm{Gal}(L/M)$ が存在する．$\mathrm{Gal}(L/M)\subseteq\mathrm{Gal}(L/K)=G$ で，また定義より直ちに $V_{L/M}\subseteq V_{L/K}$ となるから，上の合同式より

$$(\sigma(\pi')/\pi')(\tau(\pi')/\pi')\equiv\xi\eta\equiv\xi\mod V_{L/K}$$

を得る．即ち $i(\sigma\tau)=\xi \mod V_{L/K}$．よって $\mathrm{Ker}(N)\subseteq\mathrm{Im}(i)$ が証明された．

上記定理2の完全系列をガロア拡大 L/K の**基本完全系列**と呼ぶ．L/K が特にアーベル拡大ならば基本完全系列は勿論

$$1\longrightarrow\mathrm{Gal}(L/K)\longrightarrow U_L/V_{L/K}\longrightarrow U_K\longrightarrow 1$$

となる．

Serre [12] には $G=\mathrm{Gal}(L/K)$ のコホモロジー群を用いて定理2が次のように証明されている．正規付値 ν_L により定義される完全系列

$$1\longrightarrow U_L\longrightarrow L^\times\longrightarrow \boldsymbol{Z}\longrightarrow 1$$

からコホモロジー群に関する完全系列

$$\longrightarrow\hat{H}^{-2}(G,L^\times)\longrightarrow\hat{H}^{-2}(G,\boldsymbol{Z})\longrightarrow\hat{H}^{-1}(G,U_L)\longrightarrow\hat{H}^{-1}(G,L^\times)\longrightarrow$$

が得られるが，ここで

$$\hat{H}^{-2}(G,\boldsymbol{Z})=G/G'=G^{ab},$$
$$\hat{H}^{-1}(G,U_L)=\mathrm{Ker}(N\colon U_L\to U_K)/V_{L/K}.$$

一方定理1により

$$\hat{H}^{-2}(G,L^\times)=\hat{H}^{-1}(G,L^\times)=1.$$

よって

$$G^{ab} \xrightarrow{\sim} \mathrm{Ker}\,(N\colon U_L \to U_K)/V_{L/K}.$$

これが定理2に他ならない．上述の Hazewinkel による証明は本質的にはこのコホモロジー群による証明を初等的に言い直したものと見られる．それ故 Hazewinkel がコホモロジー群を用いないと言っても，上のような場合にはその証明の基底にコホモロジー論的推論が潜んでいることが知られる．いずれにせよ，これらの証明で基本的なのは定理1であることに注意されたい．

第3章　局　所　体

完備体 k の剰余体 $\mathfrak{k}$ が有限体である時，k を**局所体**と言い，特に $\mathfrak{k}$ の標数が素数 p であれば k を **p 局所体**と呼ぶ[1]．局所類体論はこのような局所体の代数的拡大体，特にアーベル拡大体，に関する理論である．本章ではまず局所体についての基本的な結果を紹介する．

§3.1　局所体の一般的性質

以下 k を局所体，ν を k の完備な正規付値とし，k の剰余体 $\mathfrak{k}=\mathfrak{o}/\mathfrak{p}$ の元の数を q とする．k が p 局所体ならば q は勿論 p の巾である．またこの場合 $p\mathfrak{o}\subseteq\mathfrak{p}$, $\nu(p\cdot 1)>0$ であるから，k の標数は 0 かまたは p であることがわかる．§1.3, 例1の p 進数体 $\boldsymbol{Q}_p$ は標数 0 の p 局所体であって，一方同じ所の例2において $F=\boldsymbol{F}_p$（p 個の元から成る有限体）とすれば，巾級数体 $\boldsymbol{F}_p((X))$ は標数 p の p 局所体の例を与える．

補題1　局所体 k は多項式 X^q-X の相異なる q 個の根を含み，これらの根の集合 A は $\mathfrak{k}=\mathfrak{o}/\mathfrak{p}$ の $\mathfrak{o}$ における完全代表系を成す．

証明　$\mathfrak{k}$ は q 個の元から成る有限体であるから，多項式 X^q-X は $\mathfrak{k}$ において ちょうど q 個の相異なる根を持つ．よって§1.2，補題1により X^q-X は $\mathfrak{o}$ に

1)　局所体という言葉は人によって色々な意味に用いられている．例えば第1章に定義した完備体を局所体と呼ぶこともある．p 局所体は Weil [14] の p field の訳のつもりである．

おいても q 個の根を有し，それらの根は $\mathfrak{k}=\mathfrak{o}/\mathfrak{p}$ の各剰余類を代表する．即ち上記集合 A は $\mathfrak{k}=\mathfrak{o}/\mathfrak{p}$ の $\mathfrak{o}$ における完全代表系である．A は k の零元 0 を含むことに注意.

系　k に含まれる 1 の $(q-1)$ 乗根の全体を V とすれば，V は位数 $q-1$ の巡回乗法群で，自然な準同型 $\mathfrak{o}\to\mathfrak{k}=\mathfrak{o}/\mathfrak{p}$ は乗法群の間の同型

$$V \xrightarrow{\sim} \mathfrak{k}^{\times}$$

をひきおこす.

証明　補題1の集合 A から 0 を除いたあとの集合が V であるから $V\simeq\mathfrak{k}^{\times}$ となることは明白．$\mathfrak{k}^{\times}$ は位数 $q-1$ の巡回群であるから V も同様.

一般に k' を k の任意の有限次拡大体とする時，§1.3，定理2により k' は $\nu'|k\sim\nu$ を満足するただ一つの正規付値 ν' について完備体となる．k' の剰余体を $\mathfrak{k}'=\mathfrak{o}'/\mathfrak{p}'$ とすれば，§1.3，定理3により $f(k'/k)=[\mathfrak{k}':\mathfrak{k}]$ は有限であるから，$\mathfrak{k}$ と同様に $\mathfrak{k}'$ もまた有限体である．従って局所体 k の有限次拡大体は常にまた局所体であることが知られる．$\mathfrak{k}$ は有限体であるから有限次拡大 $\mathfrak{k}'/\mathfrak{k}$ はガロア拡大であることに注意．また k が特に p 局所体ならば k' も勿論 p 局所体である．従って上に述べた p 局所体 $\boldsymbol{Q}_p$ 乃至 $\boldsymbol{F}_p((X))$ の有限次拡大体はすべて p 局所体であるが，この逆も成立する.

定理1　任意の p 局所体 k は(局所体として) $\boldsymbol{Q}_p$ 乃至 $\boldsymbol{F}_p((X))$ の有限次拡大体と同型である．特に k の標数が p であれば k は剰余体 $\mathfrak{k}$ と同型な部分体 $\boldsymbol{F}$ を含み，それは巾級数体 $\boldsymbol{F}((X))$ に $\boldsymbol{F}$ 上で同型となる.

証明　k の標数が 0 であれば k は有理数体 $\boldsymbol{Q}$ を含み，かつ $p\in\mathfrak{p}$ より $e=\nu(p)\geq 1$．よって射影 $\nu|\boldsymbol{Q}$ は $\boldsymbol{Q}$ 上の p 進付値と同値となる[2]．ν は完備であるから，k における $\boldsymbol{Q}$ の閉包 $\bar{\boldsymbol{Q}}$ は $\boldsymbol{Q}$ の $\nu|\boldsymbol{Q}$ に関する完備化であって，従って $\bar{\boldsymbol{Q}}=\boldsymbol{Q}_p$ としてよい．一方 k の剰余体 $\mathfrak{k}$ は標数 p の有限体で，$\boldsymbol{Q}_p$ の剰余体 $\boldsymbol{F}_p$ の有限次拡

2)　証明は例えば v. d. Waerden [13]，第10章参照.

大体であるから $f=[\mathfrak{k}:\boldsymbol{F}_p]$ とおけば，§1.3，定理3の証明からわかるように $[k:\boldsymbol{Q}_p]=ef<+\infty$ が得られる．即ち k は $\boldsymbol{Q}_p$ の有限次拡大体(に同型)である．

次に k の標数が p であれば補題1の集合

$$A=\{x\,|\,x\in k,\ x^q=x\}$$

は明らかに k の部分体となる．よってそれを改めて $\boldsymbol{F}$ と書けば，$\mathfrak{o}\to\mathfrak{k}=\mathfrak{o}/\mathfrak{p}$ は有限体の同型 $\boldsymbol{F}\simeq\mathfrak{k}$ をひきおこす．k の素元 π を定めれば，§1.3，定理1より直ちに，$X\mapsto\pi$ は $\boldsymbol{F}$ 上の同型

$$\boldsymbol{F}((X))\xrightarrow{\sim}k$$

を定義することがわかる．$\boldsymbol{F}$ の標数は p で $\boldsymbol{F}/\boldsymbol{F}_p$ は有限次拡大であるから，$\boldsymbol{F}((X))$ は $\boldsymbol{F}_p((X))$ の有限次拡大体であって，これで定理はすべて証明された．

注意　一般に標数 p の完備体 k の剰余体 $\mathfrak{k}$ が完全体であれば，上と同様な結果，$k\simeq F((X))$, $F\simeq\mathfrak{k}$, が証明される[3]．また上記定理により，k が $\boldsymbol{F}_p((X))$ の有限次拡大体であれば，$\boldsymbol{F}_p$ の適当な有限次拡大体 $\boldsymbol{F}$ をとる時 $k\simeq\boldsymbol{F}((X))$ となるが，k と $\boldsymbol{F}((X))$ とは必ずしも $\boldsymbol{F}_p((X))$ 上で同型であるわけではない．

次に局所体の位相的性質を考察する．

定理2　局所体 k は疎でない全不連結な局所コムパクト体である．k の付値環 $\mathfrak{o}$ 及び最大イデアルの巾，$\mathfrak{p}^n$, $n\geq 1$, はいずれも k のコムパクトな開部分加群であって，特に $\mathfrak{o}$ は k の最大コムパクト部分環である．

証明　ν は正規付値であるから，既に§1.1に述べたように k は疎でない全不連結な位相体で，かつ $\mathfrak{p}^n$, $n\geq 0$, はすべて k の開部分加群である．一方 k の剰余体 $\mathfrak{k}$ は有限体であるから，その $\mathfrak{o}$ における完全代表系 A は有限集合，従ってコムパクト集合である．故に§1.3，定理1，系により $\mathfrak{o}$ もコムパクトで，従って k は局所コムパクト体である．よってまた $\mathfrak{o}$ の開部分加群，従って閉部分加群，である $\mathfrak{p}^n$, $n\geq 0$, も皆コムパクトとなる．次に R が k のコムパクト部

3)　Serre [11], Chap. II, §4 参照.

分環であれば，付値の集合$\{\nu(x)\,|\,x\in R\}$は下に有界でなければならぬ．$x\in R$ならば任意の$n\geq 1$に対し$x^n\in R$，$\nu(x^n)=n\nu(x)$となるから，上述により$\nu(x)\geq 0$，即ち$x\in\mathfrak{o}$．よって$R\subseteq\mathfrak{o}$であって，$\mathfrak{o}$がkの最大コムパクト部分環であることがわかる．

注意　$\mathfrak{o}$がコムパクトであることは，$\mathfrak{o}$がνにより定義される距離ρ（§1.1参照）に関して全有界な完備空間であることを示して直接に証明することも出来る．

定理3　局所体kの乗法群$k^\times$は誘導された位相に関して疎でない全不連結な局所コムパクトアーベル群である．kの単数群U及びその部分群$U_n=1+\mathfrak{p}^n$, $n\geq 1$（§1.1），はいずれも$k^\times$のコムパクトな開部分群で，特にUは$k^\times$の最大コムパクト部分群である．kに含まれる1の$(q-1)$乗根の全体から成る乗法群をV（補題1，系）とすれば

$$U=V\times U_1,\qquad [U:U_n]=(q-1)q^{n-1},\qquad n\geq 1.$$

証明　§1.1に述べたように$\mathfrak{o}\to\mathfrak{k}=\mathfrak{o}/\mathfrak{p}$は$U/U_1\simeq\mathfrak{k}^\times$をひきおこすが，一方補題1，系により$V\simeq\mathfrak{k}^\times$であるから$U=V\times U_1$を得る．また§1.1によれば$U_n/U_{n+1}\simeq\mathfrak{k}^+$，$n\geq 1$．よって$[U:U_n]=(q-1)q^{n-1}$．さて前定理により$U_n=1+\mathfrak{p}^n$, $n\geq 1$, が$k^\times$のコムパクトな開部分群であることは明らか．$[U:U_1]=q-1$であるからUも同様に$k^\times$のコムパクトな開部分群である．それが$k^\times$の最大コムパクト部分群であることは，$\mathfrak{o}$がkの最大コムパクト部分環であることと同様に証明される．また以上により$k^\times$が疎でない全不連結な局所コムパクト群であることも明白．

U_1はコムパクトで，$[U_1:U_n]=q^{n-1}$はpの巾，かつすべてのU_n, $n\geq 1$, の共通集合は単位元1であるから，U_1は有限p群U_1/U_n, $n\geq 1$, の射影的極限であることがわかる．即ちU_1はいわゆる射影p群（pro-p-group）である．同様に$\mathfrak{o}$の加法群も有限p群$\mathfrak{o}/\mathfrak{p}^n$, $n\geq 1$, の射影的極限であって，同じく射影p

群である．従ってmがpと素な自然数であれば$u\mapsto u^m$乃至$x\mapsto mx$はU_1乃至$\mathfrak{o}$の自己同型を定義し，特に

$$U_1{}^m = U_1, \qquad m\mathfrak{o} = \mathfrak{o}.$$

補題2　kが標数0の局所体であれば任意の自然数$m\geq 1$に対し$k^{\times m}$, U^m, $U_1{}^m$はいずれも$k^\times$の開部分群であって，しかも剰余群$k^\times/k^{\times m}$, U/U^m, $U_1/U_1{}^m$はいずれも有限群である．kの標数がpであればpと素なmに対して同じ結果が成立する．

証明　kをp局所体とする．$k^\times/U\simeq \boldsymbol{Z}$, $U=V\times U_1$, かつU_1は$k^\times$の開部分群であるから，$U_1{}^m$がU_1の開部分群であって$U_1/U_1{}^m$が有限群であることを言えば充分である．$m=m'p^s$, $(m', p)=1$, とすれば上の注意により$U_1{}^m=U_1{}^{p^s}$. 故にkの標数が0で$m=p^s$, $s\geq 1$, の場合だけ考えればよい．この場合pはkの元として0でない．また剰余体$\mathfrak{k}=\mathfrak{o}/\mathfrak{p}$の標数が$p$であるから$1\leq e=\nu(p)<+\infty$. πをkの素元とし，$U_n=1+\mathfrak{p}^n=1+\mathfrak{o}\pi^n$, $n\geq 1$, の元$1+x\pi^n$, $x\in\mathfrak{o}$, のp乗を考える．$n+e<np$であれば，二項係数$\binom{p}{i}$, $1\leq i\leq p-1$, がpで割れることを用いて

$$(1+x\pi^n)^p \equiv 1+px\pi^n \mod \mathfrak{p}^{n+e+1}$$

が得られる．$\nu(p\pi^n)=n+e$であるから，上よりU_{n+e}/U_{n+e+1}の各剰余類は$U_n{}^p$の元を含むことがわかる．

$$a = 1+\left[\frac{ep}{p-1}\right]$$

とおけば任意の整数$b\geq a$は

$$b = n+e, \qquad n+e < np, \ n \geq 1$$

なる形に書き表わされるから，§2.1, 補題3の証明におけると同じ論法で(或いはU_n, $n\geq 1$, のコムパクト性を用いて)上述より

$$U_a \subseteq U_1{}^p \subseteq U_1$$

が得られる．しかるに$[U_1 : U_a]=q^{a-1}$であるから$U_1/U_1{}^p$は有限群である．さてU_1の自己準同型$x\mapsto x^{p^i}$は$U_1/U_1{}^p$から$U_1{}^{p^i}/U_1{}^{p^{i+1}}$への全射をひきおこす

から上述の結果により $U_1^{p^i}/U_1^{p^{i+1}}$, $i\geq 0$, はすべて有限群である．故に $U_1/U_1^{p^s}$ も有限．また U_1 がコムパクトであるから $U_1^{p^s}$ もコムパクト，従って U_1 の閉部分群であるが，$[U_1:U_1^{p^s}]$ が有限であるから $U_1^{p^s}$ は U_1 の開部分群である．これで補題は証明された．

この補題は後に何度か応用されるが，ここではただ上の結果により，k の標数が 0 である場合には $\{U_1^m\}_{m\geq 1}$ が $k^\times$ における単位元 1 の基本近傍系となることを注意しておく．

注意　k が標数 p の局所体であれば U_1/U_1^p が実際に無限群となることは定理 1 より容易にわかる．

上記定理 2 により局所体は疎でない全不連結な局所コムパクト体であるが，逆に疎でない不連結な局所コムパクト体は局所体であることも知られている．この結果は後に用いられることがないが，参考のために以下簡単に証明の筋道だけを説明しよう[4]．一般に k を任意の疎でない局所コムパクト体とすれば，k の加法群 k^+ は局所コムパクトアーベル群であるから，k^+ 上に Haar 測度 μ が存在する．k の元 $x\neq 0$ を定める時，$y\mapsto xy$, $y\in k^+$, は k^+ の位相的自己同型を与えるから，k^+ の Borel 部分集合 S に対し

$$\mu'(S)=\mu(xS)$$

とおけば μ' もまた k^+ 上の Haar 測度となる．よって Haar 測度の一意性により $\mu'=c\mu$ を満足する定数 $c>0$ が存在する．c は x により定まるから，$c=\|x\|$ と書く．即ち $x\in k$, $x\neq 0$, に対し

$$\mu(xS)=\|x\|\mu(S),\qquad S\subseteq k^+.$$

k が疎でないから k の各点の測度は 0 である．故に $\|0\|=0$ と定義すれば上式は k のすべての元 x に対し成立する．かくして定義された函数 $\|x\|$ は x に関して連続で，また任意の実数 $\alpha>0$ に対し $\{x\,|\,x\in k, \|x\|\leq\alpha\}$ は k のコムパクト

4)　詳細は Weil [14], Chap. 1, §4 参照．

部分集合であることが証明される．そしてこれから直ちに $\|x\|$ が k 上の完備な"絶対値"であることがわかる．絶対値 $\|x\|$ がアルキメデス的ならば，k は実数体 $\boldsymbol{R}$ 乃至複素数体 $\boldsymbol{C}$ に同型で，従って k は連結である．$\|x\|$ が非アルキメデス的である場合には，$\nu'(x)=-\log\|x\|$ とおけば ν' は k の付値で，しかも k 上の完備な正規付値 ν と同値になることが証明される．(k,ν) は完備体であるが，ν の付値環 $\mathfrak{o}=\{x\mid x\in k,\ \nu(x)\geq 0\}=\{x\mid x\in k,\ \|x\|\leq 1\}$ はコムパクトであるから剰余体 $\mathfrak{k}=\mathfrak{o}/\mathfrak{p}$ は有限体となり，k は局所体である．よって疎でない不連結な局所コムパクト体は局所体であることが証明された．

§3.2　有限次拡大体

局所体 k の任意の有限次拡大体 k' がまた局所体となることは既に前節のはじめに述べた．次に k'/k が特に不分岐拡大である場合を考察する．

定理4　任意の自然数 $n\geq 1$ に対し，k 上 n 次の不分岐拡大体 k' が(k 上の同型を除き)ただ一つ存在する．k' は多項式 $X^{q^n}-X$ の k 上の分解体で k'/k は n 次の巡回拡大である．k' の剰余体を $\mathfrak{k}'$ とする時，$\mathrm{Gal}(k'/k)$ の元 σ は $\mathfrak{k}'/\mathfrak{k}$ の自己同型 σ' をひきおこし，$\sigma\mapsto\sigma'$ は自然な同型

$$\mathrm{Gal}(k'/k)\xrightarrow{\sim}\mathrm{Gal}(\mathfrak{k}'/\mathfrak{k})$$

を定義する．

証明　まず k' の存在を証明する．$\mathfrak{k}$ は有限体であるから与えられた $n\geq 1$ に対し $\mathfrak{k}$ 上 n 次の拡大体 $\mathfrak{k}^*$ が(ただ一つ)存在し，しかも $\mathfrak{k}^*/\mathfrak{k}$ は分離拡大である．よって $\mathfrak{k}[X]$ は次数 n の既約多項式 $g(X)$ を含む．$g(X)$ が $f(X) \bmod \mathfrak{p}$ と一致するような $\mathfrak{o}[X]$ の n 次多項式 $f(X)$ をとり，$f(X)$ の根 α を k に添加して得られる体を k' とする：$k'=k(\alpha)$, $f(\alpha)=0$．明らかに $[k':k]\leq n$ であり，また $g(X)$, $f(X)$ の最高係数は1としてよいから α は $\mathfrak{o}$ に関する整元であって，従って§1.2，補題4により α は $\mathfrak{o}'$ に含まれる．よって $\mathfrak{k}'=\mathfrak{o}'/\mathfrak{p}'$ における α の剰余類を ω とすれば，$\omega\in\mathfrak{k}'$, $g(\omega)=0$．$g(X)$ は $\mathfrak{k}[X]$ の n 次既約多項式であったから，

§1.3, 定理3により

$$n=[\mathfrak{k}(\omega):\mathfrak{k}]\leq[\mathfrak{k}':\mathfrak{k}]=f(k'/k)\leq[k':k]\leq n.$$

よって $[k':k]=n=f(k'/k)$, 即ち k' は k 上 n 次の不分岐拡大体である.

次に k' を k 上 n 次の任意の不分岐拡大体とする. $[\mathfrak{k}':\mathfrak{k}]=f(k'/k)=n$ であるから $\mathfrak{k}'$ は q^n 個の元から成る有限体である. よって補題1により $A'=\{x'\,|\,x'\in k',\ x'^{q^n}=x'\}$ は $\mathfrak{k}'=\mathfrak{o}'/\mathfrak{p}'$ の $\mathfrak{o}'$ における完全代表系を成す. $k''=k(A')$ とし, k'' の剰余体を $\mathfrak{k}''$ とすれば

$$k\subseteq k''\subseteq k',\qquad \mathfrak{k}\subseteq\mathfrak{k}''\subseteq\mathfrak{k}'$$

であるが, $A'\subseteq k''$ であるから $\mathfrak{k}''=\mathfrak{k}'$. 従って§1.3, 定理3を用いて

$$n=[\mathfrak{k}':\mathfrak{k}]=[\mathfrak{k}'':\mathfrak{k}]=f(k''/k)\leq[k'':k]\leq[k':k]=n.$$

これから $k'=k''=k(A')$ を得る. 即ち k' は $X^{q^n}-X$ の k 上の分解体であることがわかり, 同時に k' の一意性も証明された. さて $X^{q^n}-X$ は k' 内に q^n 個の相異なる根を持つから, k'/k は分離拡大, 従ってガロア拡大である. 一方 $\mathfrak{k}$ は有限体であるから $\mathfrak{k}'/\mathfrak{k}$ は n 次の巡回拡大であるが, §1.2, 補題3により $\mathrm{Gal}(k'/k)$ の元 σ は $\mathfrak{k}'/\mathfrak{k}$ の自己同型 σ' をひきおこし, $\sigma\mapsto\sigma'$ は明らかに準同型 $\mathrm{Gal}(k'/k)\to\mathrm{Gal}(\mathfrak{k}'/\mathfrak{k})$ を定義する. σ は $X^{q^n}-X$ の根の集合である A' をそれ自身に写像し, 一方 A' は $\mathfrak{k}'=\mathfrak{o}'/\mathfrak{p}'$ の完全代表系であるから, $\sigma'=1$ であれば $k'=k(A')$ より $\sigma=1$ となる. 即ち $\mathrm{Gal}(k'/k)\to\mathrm{Gal}(\mathfrak{k}'/\mathfrak{k})$ は単射である. しかるにこれらのガロア群の位数は共に $n=[k':k]=[\mathfrak{k}':\mathfrak{k}]$ に等しいから $\mathrm{Gal}(k'/k)\simeq\mathrm{Gal}(\mathfrak{k}'/\mathfrak{k})$ でなければならぬ. $\mathrm{Gal}(\mathfrak{k}'/\mathfrak{k})$ は巡回群であるから, $\mathrm{Gal}(k'/k)$ も位数 n の巡回群, 即ち k'/k は n 次の巡回拡大である. これで定理はすべて証明された.

さて $\mathfrak{k}$ は q 個の元から成る有限体であるから, ガロア群 $\mathrm{Gal}(\mathfrak{k}'/\mathfrak{k})$ は自己同型

$$\omega\longmapsto\omega^q,\qquad \omega\in\mathfrak{k}'$$

により生成される. 従って上記定理によりこの自己同型に対応する $\mathrm{Gal}(k'/k)$ の元を φ とすれば, φ は $\mathrm{Gal}(k'/k)$ の生成元であって, すべての $x'\in\mathfrak{o}'$ に対し

$$\varphi(x')\equiv x'^q\mod\mathfrak{p}'$$

を満足する．しかも φ はこの合同式により $\mathrm{Gal}(k'/k)$ の元として一意的に特徴付けられる．この φ を不分岐拡大 k'/k の **Frobenius 自己同型**(または Frobenius 置換)と呼ぶ．

例 k を標数 p の局所体とすれば定理1により $k=\boldsymbol{F}((X))$ としてよい．但し $\boldsymbol{F}$ は剰余体 $\mathfrak{k}$ と同型な k の部分体である．$\boldsymbol{F}$ は q 個の元から成る有限体であるから，$\boldsymbol{F}$ 上の n 次の拡大体 $\boldsymbol{F}'$ は多項式 $Y^{q^n}-Y$ の $\boldsymbol{F}$ 上の分解体である．よって

$$k' = \boldsymbol{F}'((X))$$

は定理4により k 上の n 次の不分岐拡大体となる．しかも k 上の有限次不分岐拡大体はすべてこのようにして得られる．x' を k' の元，即ち $\boldsymbol{F}'$ の元を係数とする X の巾級数とする時，$\varphi(x')$ は巾級数 x' の各係数 a を a^q におきかえて得られる巾級数である．

次に k' を k の任意の(必ずしも不分岐でない)有限次拡大体とし

$$e = e(k'/k), \qquad f = f(k'/k)$$

とする．

定理5 k' は多項式 $X^{q^f}-X$ の k 上の分解体 k_0 を含む．k_0 は k' に含まれる k 上の最大不分岐拡大体であって，$[k_0:k]=f$．一方 k'/k_0 は完全分岐拡大であって，$[k':k_0]=e$．

証明 k' の剰余体を $\mathfrak{k}'$ とすれば，$f=[\mathfrak{k}':\mathfrak{k}]$ で，$\mathfrak{k}'$ は q^f 個の元から成る有限体であるから補題1により k' は $X^{q^f}-X$ の k 上の分解体 k_0 を含む．前定理により k_0/k は f 次の不分岐拡大体である．k'' を k' に含まれる k 上の任意の不分岐拡大体とし，$f_1=f(k''/k)=[k'':k]$ とすれば再び前定理により k'' は $X^{q^{f_1}}-X$ の k 上の分解体である．しかるに $f(k'/k)=f(k'/k'')f(k''/k)$ であるから f_1 は f の約数であり，従って $X^{q^{f_1}}-X$ は $X^{q^f}-X$ を割る．故に $k''\subseteq k_0$，即ち k_0 は k' に含まれる k 上の最大不分岐拡大体である．k_0/k は不分岐であるから $f(k_0/k)$

$=[k_0:k]=f=f(k'/k)$. よって $f(k'/k_0)=1$, 即ち k'/k_0 は完全分岐である. また §1.3, 定理3より $[k':k_0]=[k':k][k_0:k]^{-1}=ef/f=e$.

上の定理の k_0 を拡大 k'/k の**惰性体**と呼ぶ.

補題3　k'/k が特にガロア拡大であれば, $\mathrm{Gal}(k'/k_0)$ は§1.4において $G=\mathrm{Gal}(k'/k)$ に対し定義された不変部分群 G_0 と一致する:

$$\mathrm{Gal}(k'/k_0)=G_0, \qquad \mathrm{Gal}(k_0/k)=G/G_0.$$

証明　§1.2, 補題3により $\mathrm{Gal}(k'/k)$ の元 σ は $\mathfrak{k}'/\mathfrak{k}$ の自己同型 σ' をひきおこし, $\sigma\mapsto\sigma'$ は準同型 $\mathrm{Gal}(k'/k)\to\mathrm{Gal}(\mathfrak{k}'/\mathfrak{k})$ を与えるが, 定義により G_0 はこの準同型の核である. 一方 k_0 の剰余体を $\mathfrak{k}_0$ とすれば, 定理4により同様な同型 $\mathrm{Gal}(k_0/k)\simeq\mathrm{Gal}(\mathfrak{k}_0/\mathfrak{k})$ が得られ, 図式

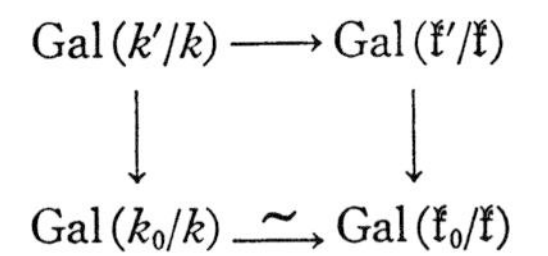

$$\begin{array}{ccc} \mathrm{Gal}(k'/k) & \longrightarrow & \mathrm{Gal}(\mathfrak{k}'/\mathfrak{k}) \\ \downarrow & & \downarrow \\ \mathrm{Gal}(k_0/k) & \xrightarrow{\ \sim\ } & \mathrm{Gal}(\mathfrak{k}_0/\mathfrak{k}) \end{array}$$

は可換となる. 但しここに縦写像は $\sigma\mapsto\sigma|k_0$ 乃至 $\sigma'\mapsto\sigma'|\mathfrak{k}_0$ により定義される準同型である. しかるに $f(k'/k)=f=[k_0:k]=f(k_0/k)$ であるから $\mathfrak{k}'=\mathfrak{k}_0$. よって G_0 は $\mathrm{Gal}(k'/k)\to\mathrm{Gal}(k_0/k)$ の核である $\mathrm{Gal}(k'/k_0)$ と一致する.

惰性体 k_0 に対応する $G=\mathrm{Gal}(k'/k)$ の不変部分群 G_0 はガロア拡大 k'/k の**惰性群**と呼ばれる.

定理6　局所体 k の任意の有限次ガロア拡大体を k' とする時, $\mathrm{Gal}(k'/k)$ は可解群である. 即ち k'/k は常に可解拡大である.

証明　補題3及び定理4, 5により G/G_0 は巡回群である. また定理5により k'/k_0 は完全分岐拡大であるから, §1.4, 定理4により $G_0=\mathrm{Gal}(k'/k_0)$ は可解群. 従って $G=\mathrm{Gal}(k'/k)$ も可解群である.

§3.3　局所体のノルム群

局所体 k の有限次拡大体を k' とし，k' から k へのノルムを $N_{k'/k}$，また k, k' の単数群をそれぞれ U, U' とする．$N_{k'/k}(k'^{\times})$ が乗法群 $k^{\times}$ の部分群であることは明白であるが，§1.3，定理3，系の公式により

$$N_{k'/k}(U') = N_{k'/k}(k'^{\times}) \cap U$$

となる．しかも§3.1，定理3により U' はコムパクト群，また§1.2，補題4によりノルム写像は連続であるから，$N_{k'/k}(U')$ は U のコムパクト部分群である．$N_{k'/k}(k'^{\times})$, $N_{k'/k}(U')$ をそれぞれ k'/k の**ノルム群**乃至**単数ノルム群**と呼ぶ．

補題4　k'/k が不分岐拡大であれば $N_{k'/k}(U')=U$.

証明　§1.1に述べたように k の素元 π は同型

$$U/U_1 \xrightarrow{\sim} \mathfrak{k}^{\times}, \qquad U_n/U_{n+1} \xrightarrow{\sim} \mathfrak{k}^{+}, \qquad n \geq 1$$

を定義する．但し $\mathfrak{k}=\mathfrak{o}/\mathfrak{p}$ は k の剰余体で，$U_n=1+\mathfrak{p}^n$, $n\geq 1$. k'/k は不分岐であるから π はまた同時に k' の素元である．よって π は k' に対しても同様な同型

$$U'/U'_1 \xrightarrow{\sim} \mathfrak{k}'^{\times}, \qquad U'_n/U'_{n+1} \xrightarrow{\sim} \mathfrak{k}'^{+}, \qquad n \geq 1$$

を与える．有限体の拡大 $\mathfrak{k}'/\mathfrak{k}$ に関するトレース，ノルムをそれぞれ T', N' と記す時，定理4の自然な同型 $\mathrm{Gal}(k'/k)\simeq\mathrm{Gal}(\mathfrak{k}'/\mathfrak{k})$ を用いれば，次の図式が可換であることは直ちに確かめられる：

$$\begin{array}{ccccccc} U'/U'_1 & \xrightarrow{\sim} & \mathfrak{k}'^{\times} & \qquad & U'_n/U'_{n+1} & \xrightarrow{\sim} & \mathfrak{k}'^{+} \\ \downarrow N & & \downarrow N' & & \downarrow N & & \downarrow T' \\ U/U_1 & \xrightarrow{\sim} & \mathfrak{k}^{\times}, & & U_n/U_{n+1} & \xrightarrow{\sim} & \mathfrak{k}^{+}. \end{array}$$

しかるに有限体の拡大 $\mathfrak{k}'/\mathfrak{k}$ に対して写像 T', N' は全射であるから，図式の縦写像 $N=N_{k'/k}$ も全射である．これは U_n/U_{n+1}, $n\geq 0$, の各剰余類が $N_{k'/k}(U'_n)$ の元により代表されることを示す．よって§2.1，補題3の証明と同様な論法で $N_{k'/k}(U')=U$ が得られる．

補題 5　局所体 k の有限次純非分離拡大体を k' とし，$n=[k':k]$ とすれば，k'/k は完全分岐であって

$$N_{k'/k}(k')=k'^n=k.$$

証明　k の標数が 0 であれば $k'=k$, $n=1$ となるから上の主張は自明である．よって k の標数を p, 従って n は p の巾とする．先の注意により k' も局所体であるから定理 1 により k' は剰余体 $\mathfrak{k}'$ と同型な部分体 $\boldsymbol{F}$ を含み，$k'=\boldsymbol{F}((X))$ と考えてよい．仮定により k'/k は純非分離拡大であるから k' の任意の元 x' に対し $N_{k'/k}(x')=x'^n$. よって

$$k'^n\subseteq k.$$

しかるに $\boldsymbol{F}$ は標数 p の有限体であって n は p の巾であるから $\boldsymbol{F}^n=\boldsymbol{F}$. よって

$$k'^n=\boldsymbol{F}((X^n)).$$

$\boldsymbol{F}((X^n))$ は $k'=\boldsymbol{F}((X))$ の部分体でかつ $[\boldsymbol{F}((X)):\boldsymbol{F}((X^n))]=n$ となることは容易にわかるから，$[k':k]=n$, $k'^n\subseteq k$ より $k=k'^n$ が得られる．また $\mathfrak{k}'\simeq\boldsymbol{F}\subseteq k$ より k の剰余体 $\mathfrak{k}$ は $\mathfrak{k}'$ と一致することが知られる．よって $f=[\mathfrak{k}':\mathfrak{k}]=1$, 即ち k'/k は完全分岐である．(完全分岐性は定理 5 からも得られる.)

定理 7　局所体 k の任意の有限次拡大体を k' とする時，k'/k のノルム群 $N_{k'/k}(k'^\times)$ 及び単数ノルム群 $N_{k'/k}(U')$ は共に $k^\times$ の開部分群，従って閉部分群，であって

$$[k^\times:N_{k'/k}(k'^\times)]<+\infty,\qquad [U:N_{k'/k}(U')]<+\infty.$$

証明　簡単のため $i(k'/k)=[U:N_{k'/k}(U')]$ とおき，まず $i(k'/k)$ が有限であることを証明する．k'/k が素数次の巡回拡大であれば k'/k は不分岐であるかまたは完全分岐であるから，補題 4 乃至 §1.4, 定理 5 により $i(k'/k)<+\infty$. また k の標数が p で k'/k が p 次の純非分離拡大ならば，補題 5 により $i(k'/k)=[U:N_{k'/k}(k'^\times)\cap U]=1$. 次に k'/k を任意の有限次拡大，k'' を k'/k の中間体とし，k'' の単数群を U'' とすれば

$$N_{k'/k''}(U')\subseteq U'',\qquad N_{k'/k}(U')\subseteq N_{k''/k}(U'')\subseteq U,$$
$$[N_{k''/k}(U''):N_{k'/k}(U')]\leq[U'':N_{k'/k''}(U')]$$

より

$$i(k'/k) \le i(k'/k'')i(k''/k), \qquad i(k''/k) \le i(k'/k)$$

を得る．故に $i(k'/k'')<+\infty$，$i(k''/k)<+\infty$ ならば $i(k'/k)<+\infty$ となり，逆に $i(k'/k)<+\infty$ であれば $i(k''/k)<+\infty$ となる．よってこれらの注意と定理6とより，§2.1，定理1の証明と全く同様にして $i(k'/k)<+\infty$ が一般の有限次拡大 k'/k に対し証明される．

$N_{k'/k}(U')$ はコムパクト，従って U の閉部分群であるが，$i(k'/k)<+\infty$ であるからそれは同時に U の開部分群でもある．U は $k^\times$ の開部分群であるから，$N_{k'/k}(U')$ は $k^\times$ においても開部分群となる．$N_{k'/k}(U')$ を含む $N_{k'/k}(k'^\times)$ が $k^\times$ の開部分群であることは明白．また k の素元を π，$n=[k':k]$ とすれば $\pi^n=N_{k'/k}(\pi)$ は $N_{k'/k}(k'^\times)$ に含まれるが，$k^\times=\langle\pi\rangle\times U$ であるから $i(k'/k)<+\infty$ より $[k^\times:N_{k'/k}(k'^\times)]<+\infty$ が得られる．

次にここで後に必要とする，単数ノルム群に関する重要な例を一つ説明しておく．以下 (k,ν) を標数 p の p 局所体とする．定理1により k は剰余体 $\mathfrak{k}=\mathfrak{o}/\mathfrak{p}$ と同型な有限部分体 $\boldsymbol{F}$ を含み，$k=\boldsymbol{F}((X))$，$\mathfrak{o}=\boldsymbol{F}[[X]]$，$\mathfrak{p}=(X)=X\boldsymbol{F}[[X]]$ と考えてよい．上述のように $U_n=1+\mathfrak{p}^n$，$n\ge1$，とすれば，$\boldsymbol{F}=\boldsymbol{F}^p$ 及び $U=V\times U_1=\boldsymbol{F}^\times\times U_1$ より

$$U^p = \boldsymbol{F}^\times\times U_1{}^p = \boldsymbol{F}^\times\times(1+X^p\boldsymbol{F}[[X^p]])$$

となる．よって $m=[n/p]$ とおく時，

$$[U:U^pU_{n+1}] = [U_1:U_1{}^pU_{n+1}] = q^{n-m}, \qquad n\ge1$$

を得る．但し q は $\mathfrak{k}$ の元の数，即ち $\boldsymbol{F}$ の元の数，である．さて k の任意の元 x に対し

$$\wp(x) = x^p - x$$

とおけば，$\wp: k^+\to k^+$ は k の加法群 k^+ の自己準同型を定義し，その核は k の素体 $\boldsymbol{F}_p$ の加法群 $\boldsymbol{F}_p{}^+$ である．一般に任意の $n\ge0$ に対し

$$A_n = X^{-n}\boldsymbol{F}[[X]] = \{x\,|\,x\in k,\ \nu(x)\ge -n\}, \qquad B_n = A_n\cap\wp(k^+)$$

とおく．$\wp(\boldsymbol{F})\subseteq\boldsymbol{F}$，$\boldsymbol{F}_p\subseteq\boldsymbol{F}$ より $[\boldsymbol{F}:\wp(\boldsymbol{F})]=p$．また $x\in\mathfrak{p}$ であれば

$$y=\sum_{i=0}^{\infty}(-x)^{p^i}$$

は $\mathfrak{p}$ 内で収束し $\wp(y)=x$ を満足するから，$\mathfrak{p}=\wp(\mathfrak{p})\subseteq\wp(k^+)$．しかるに $\nu(x)<0$ ならば $\nu(\wp(x))=p\nu(x)<0$ であるから，$n=0$ の時 $A_0=\mathfrak{o}$，$B_0=\mathfrak{o}\cap\wp(k^+)=\wp(\mathfrak{o})=\wp(\boldsymbol{F})+\mathfrak{p}$ となり

$$[A_0:B_0]=[\boldsymbol{F}:\wp(\boldsymbol{F})]=p$$

が得られる．一方 $\nu(x)<0$, $p|\nu(x)$ であれば $\boldsymbol{F}^p=\boldsymbol{F}$ を用いて

$$y\equiv x \mod \wp(k^+),\qquad \nu(x)<\nu(y)$$

を満足する k の元 y が存在することがわかる．よって $n\geq 1$ に対し A_n/B_n の各剰余類は

$$\sum_{\substack{i=-n\\ p\nmid i}}^{-1}a_iX^i+a_0,\qquad a_i\in\boldsymbol{F}$$

なる形の元を含み，しかも a_i, $i\neq 0$, が $\boldsymbol{F}$ の任意の元の上を動き，a_0 が $\boldsymbol{F}/\wp(\boldsymbol{F})$ の代表系の上を動く時，上式の全体は A_n/B_n の完全代表系を与える．故に

$$[A_n:B_n]=pq^{n-m},\qquad m=\left[\frac{n}{p}\right].$$

群指数に関するこれらの結果は後章において必要となる．

次に k 上の代数的閉体 Ω を定めて，k の任意の元 x に対し Ω における多項式 Y^p-Y-x の k 上の分解体を k_x とする．α を Y^p-Y-x の一つの根とすれば同じ多項式のすべての根は α, $\alpha+1, \cdots, \alpha+p-1$ により与えられるから

$$k_x=k(\alpha),\qquad \alpha^p-\alpha=x,\qquad \alpha\in\Omega.$$

このような拡大 k_x/k に関して次の結果が Artin-Schreier の定理として知られている：

1)　$x\in\wp(k^+)$ ならば勿論 $k_x=k$．$x\notin\wp(k^+)$ であれば k_x/k は次数 p の巡回拡大であって，$\mathrm{Gal}(k_x/k)$ は $\sigma(\alpha)=\alpha+1$ を満足する自己同型 σ により生成される．しかも k 上の（Ω に含まれる）次数 p の巡回拡大はすべてこのようにして得られる．

2)　$x, y\in k$ とする時，$k_x=k_y$ となるためには x, y が $k^+/\wp(k^+)$ において同じ

部分加群を生成することが必要かつ十分な条件である.

さて $x\in A_0+\wp(k^+)$ とすれば上より $x\equiv a \mod \wp(k^+)$ を満足する $a\in \boldsymbol{F}$ が存在し, $k_x=k_a=k(\alpha_0)$, $\alpha_0{}^p-\alpha_0=a$. $a\in\wp(\boldsymbol{F})$ ならば勿論 $\alpha_0\in\boldsymbol{F}$, $k_x=k_a=k$. 一方 $a\notin\wp(\boldsymbol{F})$ であれば $\boldsymbol{F}$ に関する Artin-Schreier の定理により $\boldsymbol{F}(\alpha_0)/\boldsymbol{F}$ は次数 p の巡回拡大となり従って

$$k_x = k_a = \boldsymbol{F}(\alpha_0)((X))$$

は $k=\boldsymbol{F}((X))$ 上の p 次の不分岐拡大体となる. (前節の例を参照.) 次に $x\notin A_0+\wp(k^+)$ とすれば, 1), 2) により k_x は上の不分岐拡大体 $k_a=\boldsymbol{F}(\alpha_0)((X))$ と相異なる k 上 p 次の巡回拡大体であるが, 定理 4 により Ω 内に k 上次数 p の不分岐拡大体はただ一つしかないから k_x/k は分岐拡大である. 従ってそれは p 次の完全分岐拡大である.

補題 6 x を上に定義した加法群 A_n, $n\geq 0$, の任意の元とし, $k'=k_x=k(\alpha)$, $\alpha^p-\alpha=x$, とすれば

$$U_{n+1}\subseteq N_{k'/k}(U').$$

但し U' は k' の単数群である.

証明 まず $x\in A_0+\wp(k^+)$, 即ち $x\in A_0+B_n$, とすれば上述の注意により $k'=k_x=k$ であるかまたは k'/k は次数 p の不分岐拡大である. よって補題 4 により $N_{k'/k}(U')=U$ となり補題は成立する. よって以下 $x\notin A_0+\wp(k^+)$, 即ち $x\notin A_0+B_n$, 従って k'/k は次数 p の完全分岐巡回拡大とする. $k'=k_x$ は x を含む A_n/B_n の剰余類にのみ依存するから A_n/B_n の代表系に関する上の注意により

$$\nu(x) = -i, \quad 1\leq i\leq n, \quad p\nmid i$$

と仮定してよい. k' の正規付値を ν', その素元を π' とし, また $\mathrm{Gal}(k_x/k)$ の生成元 σ を上述の通りとして

$$\nu'(\sigma(\pi')-\pi') = s,$$

即ち

$$\sigma(\pi') = \pi'+\beta\pi'^s, \quad \beta\in k',\ \nu'(\beta)=0$$

とおけば，§1.4，定理5より

$$U_s \subseteq N_{k'/k}(U').$$

ここで $s=1$ ならば $U_{n+1}\subseteq U_s$ となるから補題は勿論成立する．故に $s\geq 2$ と仮定して差支えない．よって上より

$$\sigma(\pi'^{-i}) \equiv \pi'^{-i}(1-i\beta\pi'^{s-1}) \mod \pi'^{-i+s},$$

$$\sigma(\pi'^{-i+j}) \equiv \pi'^{-i+j} \mod \pi'^{-i+s}, \qquad j\geq 1$$

が得られる．一方 $\alpha^p-\alpha=x$，$\nu'(x)=p\nu(x)=-ip$ より $\nu'(\alpha)=-i$．また k'/k は完全分岐で k' の剰余体 $\mathfrak{k}'$ は k の剰余体 $\mathfrak{k}$ と一致し，従って $\boldsymbol{F}$ は $\mathfrak{k}'$ の完全代表系でもあるから，§1.3，定理1により α は k' 内で

$$\alpha = a_{-i}\pi'^{-i}+a_{-i+1}\pi'^{-i+1}+\cdots, \qquad a_{-i+j}\in\boldsymbol{F},\ a_{-i}\neq 0$$

という形に展開される．よって先の合同式から

$$\sigma(\alpha) \equiv \alpha-ia_{-i}\beta\pi'^{-i+s-1} \mod \pi'^{-i+s}$$

となるが，$p\nmid i$，$a_{-i}\in\boldsymbol{F}$，$a_{-i}\neq 0$，$\nu'(\beta)=0$ であるから

$$\nu'(\sigma(\alpha)-\alpha) = -i+s-1$$

が得られる．しかるに $\sigma(\alpha)=\alpha+1$ であったから，上の左辺の付値は0でなければならない．よって

$$s = i+1.$$

従って $i\leq n$ より

$$U_{n+1} \subseteq U_s \subseteq N_{k'/k}(U')$$

が得られ，補題の証明は完了した．

第4章　最大不分岐拡大体

局所体 k の有限次拡大体については既に前章§3.2においてその基本的な性質をいくつか述べたが，本章では次章以下への準備として，k の無限次拡大体，特に k の最大不分岐拡大体，を考察し，それらに関して後に必要とする結果を証明する．

§4.1　代数的拡大体とそのノルム群

本書ではこれから局所体 k を基礎体とし，k 上の代数的拡大体，殊にアーベル拡大体，を考察するのであるが，以下の説明からわかるように，このためには k の代数的閉包 Ω を一つ定めておくと便利である．Ω/k は代数的拡大であるから，§1.2，補題2により k の完備な正規付値 ν は Ω 上の付値 μ に一意的に延長される．Ω の μ についての完備化を $\bar{\Omega}$ とし，$\bar{\Omega}$ 上への μ の自然な延長を $\bar{\mu}$ と書く．さて F を k 上の任意の代数的拡大体とする時，k 上の同型を無視すれば F は Ω/k の中間体と考えられる．$\bar{\Omega}$ は $\bar{\mu}$ による位相に関して位相体であるから，$\bar{\Omega}$ における F の閉包 $\bar{F}$ は $\bar{\Omega}$ の部分体となるが，この $\bar{F}$ が射影 $\mu|F$ についての F の完備化であることは明らかであろう．以下 F/k が代数的拡大であればいつも上のように

$$k \subseteq F \subseteq \Omega, \qquad k \subseteq F \subseteq \bar{F} \subseteq \bar{\Omega}$$

と考え，また

$$\nu_F = \mu|F, \qquad \nu_{\bar{F}} = \bar{\mu}|\bar{F}$$

とおくことにする．ν_F は k 上の代数的拡大体 F における ν のただ一つの延長

で，$\nu_{\bar{F}}$ は完備化 $\bar{F}$ における ν_F の自然な延長に他ならない．

次に F の k 上の自己同型を σ とすれば，§1.2，補題3により σ は F の位相的自己同型であって

$$\nu_F \circ \sigma = \nu_F$$

を満足する．よって連続性により σ は $\bar{F}$ の位相的自己同型 $\bar{\sigma}$ に一意的に拡張され，$\bar{\sigma}$ は $\bar{F}$ 上で

$$\nu_{\bar{F}} \circ \bar{\sigma} = \nu_{\bar{F}}$$

を満たす．$e(\nu_{\bar{F}}/\nu_F)=1$ であって ν_F と $\nu_{\bar{F}}$ の剰余体は一致するが，σ と $\bar{\sigma}$ とはその剰余体に同じ同型をひきおこす．(§1.2，補題3参照.)

上の F が特に k 上のガロア拡大体である場合，今後そのガロア群 $\mathrm{Gal}(F/k)$ はいつも Krull 位相により全不連結なコムパクト群と考える[1]．F' が F/k の中間体であれば $\mathrm{Gal}(F/F')$ は $\mathrm{Gal}(F/k)$ の閉部分群である．F/k はガロア拡大であるから，k 上の有限次ガロア拡大体 k_i の族 $\{k_i\}_{i\in I}$ を適当に選べば F はこれらの k_i, $i\in I$, の和集合となる．(例えば F に含まれる k 上の有限次ガロア拡大体を全部とればよい.) k_i, k_j が上の族に属し $k_i\subseteq k_j$ である時 $i\leq j$ と書くこととすれば，この場合制限写像 $\sigma\mapsto\sigma|k_i$ により有限群の間の全射準同型

$$\mathrm{Gal}(k_j/k) \longrightarrow \mathrm{Gal}(k_i/k)$$

が定義される．また F が k_i, $i\in I$, の和集合であるから，任意に与えられた添数 $i_1, i_2\in I$ に対し，$i_1\leq i_3$, $i_2\leq i_3$ を満足する $i_3\in I$ が存在する．よって $i\leq j$ の時に与えられる上の準同型の族に関して，有限群 $\mathrm{Gal}(k_i/k)$ の射影的極限 $\varprojlim \mathrm{Gal}(k_i/k)$ を定義することが出来るが，制限写像による準同型 $\mathrm{Gal}(F/k)\to \mathrm{Gal}(k_i/k)$ は自然な同型

$$\mathrm{Gal}(F/k) \xrightarrow{\sim} \varprojlim \mathrm{Gal}(k_i/k)$$

1)　本章以降しばしば用いられるガロア群の Krull 位相，射影有限群，乃至一般に射影的極限，帰納的極限等は今日周知の概念と思うが，なお例えば藤崎 [5]，付録，乃至 Cassels-Fröhlich [3], Chap. V, 116-121 参照.

をひきおこす．この右辺はいわゆる**射影有限群**(profinite group)であるから定義により全不連結なコムパクト群であって，上の同型はKrull位相によるコムパクト群 $\mathrm{Gal}(F/k)$ からこの射影有限群への位相同型である．よって今後は簡単のために上の同型により $\mathrm{Gal}(F/k)$ と $\varprojlim \mathrm{Gal}(k_i/k)$ とを一致させ

$$\mathrm{Gal}(F/k) = \varprojlim \mathrm{Gal}(k_i/k)$$

と書くことにする．もっと一般に $k \subseteq F' \subseteq F \subseteq \Omega$ で F/F' がガロア拡大である場合にも，$\mathrm{Gal}(F/F')$ は同様にして射影有限群となる．

これまで局所体乃至完備体の単数群を U, U', U_k などと記してきたが，今後は明確を期して，Ω/k の任意の中間体 F に対し，F の(即ち ν_F の)単数群を統一的に $U(F)$ と書くことにする．同様に F の完備化 $\bar{F}$ の(即ち $\nu_{\bar{F}}$ の)単数群を $U(\bar{F})$ と記す．

さて上のような任意の F に対し，拡大 F/k の**ノルム群** $N(F/k)$ 及び**単数ノルム群** $NU(F/k)$ をそれぞれ

$$N(F/k) = \bigcap_{k'} N_{k'/k}(k'^{\times}), \qquad NU(F/k) = \bigcap_{k'} N_{k'/k}(U(k'))$$

により定義する．但しここに両式の右辺はいずれも

$$k \subseteq k' \subseteq F, \qquad [k':k] < +\infty$$

を満足するすべての中間体 k' に関する共通集合で，$N_{k'/k}$ は勿論有限次拡大 k'/k のノルムである．明らかに $N(F/k)$, $NU(F/k)$ はそれぞれ $k^{\times}$, $U(k)$ の部分群であって，特に F/k が有限次拡大であれば，既に§3.3において述べたノルム群乃至単数ノルム群と一致する．しかも§3.3，定理7を用いれば，$N(F/k)$, $NU(F/k)$ は $k^{\times}$ の閉部分群であることも知られる．また $k \subseteq F' \subseteq F$ ならば

$$N(F/k) \subseteq N(F'/k), \qquad NU(F/k) \subseteq NU(F'/k).$$

既に§3.3に述べたように任意の有限次拡大 k'/k に対し $NU(k'/k) = N(k'/k) \cap U(k)$ となるから一般の F に対しても定義より直ちに

$$NU(F/k) = N(F/k) \cap U(k)$$

が得られる.

補題 1　任意の自然数 $n \geq 1$ に対し

$$NU(F/k)^n = \bigcap_{k'} N_{k'/k}(U(k'))^n.$$

証明　左辺が右辺に含まれることは明白. 右辺の共通集合に含まれる元 u を一つ定める. $k \subseteq k' \subseteq F$, $[k':k] < +\infty$ を満足する各中間体 k' に対し, $v^n = u$ を満足する $N_{k'/k}(U(k'))$ の元 v の全体を $S(k')$ とすれば, 仮定により $S(k')$ は空集合ではない. また $S(k')$ がコムパクト群 $U(k)$ の閉部分集合であることは明白. しかも $k \subseteq k_1', k_2' \subseteq F$, $[k_1':k] < +\infty$, $[k_2':k] < +\infty$ ならば, $k \subseteq k_1'k_2' \subseteq F$, $[k_1'k_2':k] < +\infty$, かつ $S(k_1'k_2') \subseteq S(k_1') \cap S(k_2')$ となるから, $U(k)$ のコムパクト性によりすべての k' に対する $S(k')$ の共通集合は空ではない. w をこの共通集合の元とすれば, $w \in NU(F/k)$ であって $u = w^n \in NU(F/k)^n$. よって補題は証明された.

補題 2　$k \subseteq k' \subseteq F \subseteq \Omega$, $[k':k] < +\infty$ であれば

$$N_{k'/k}(NU(F/k')) = NU(F/k).$$

証明　k'/k は有限次拡大であるから k' は k と同様に局所体である. よって代数的拡大 F/k' に対し単数ノルム群 $NU(F/k')$ が $NU(F/k)$ と同様に定義されることをまず注意しておく. 即ち k'' を k' 上有限次の F/k' の任意の中間体とする時

$$NU(F/k') = \bigcap_{k''} N_{k''/k'}(U(k'')).$$

一方同じ k'' について

$$NU(F/k) = \bigcap_{k''} N_{k''/k}(U(k''))$$

となることは容易にわかるから, 補題の等式の左辺が右辺に含まれることは明らか. よって右辺 $NU(F/k)$ の任意の元 u を一つ定め, 各 k'' に対し $N_{k''/k}(v) = u$ を満足する $N_{k''/k'}(U(k''))$ の元 v の全体を $S(k'')$ とすれば, 前補題の証明におけると同様に $S(k'')$ は空でない $U(k')$ の閉部分集合となり, かつ $S(k_1''k_2'') \subseteq$

$S(k_1'')\cap S(k_2'')$. 故に $U(k')$ のコムパクト性によりすべての k'' に対する $S(k'')$ の共通集合は空でない. その共通集合の元を w とすれば, w は $NU(F/k')$ に含まれ, $u=N_{k'/k}(w)\in N_{k'/k}(NU(F/k'))$. よって補題は証明された.

§4.2 最大不分岐拡大体 k_{ur}

$k, \Omega, \bar{\Omega}$ 等はすべて前節の通りとする. k の有限次拡大体を k' とすれば, $\nu_{k'}=\mu|k'$ は k の完備な正規付値 ν の k' におけるただ一つの延長であるから, §1.3 の定義により

$$e(k'/k)=e(\nu_{k'}/\nu)=[\nu_{k'}(k'^{\times}):\nu(k^{\times})].$$

よって k'/k が不分岐拡大であるためには $\nu_{k'}(k'^{\times})=\nu(k^{\times})=\boldsymbol{Z}$, 即ち $\nu_{k'}$ が正規付値であることが必要かつ十分な条件である. よって一般に k の任意の(必ずしも有限次でない)代数的拡大体 F, $k\subseteq F\subseteq\Omega$, に対しても, $\nu_F=\mu|F$ が正規付値である時, F/k を**不分岐拡大**と定義することにする. F/k が不分岐拡大で $k\subseteq F'\subseteq F$ ならば F'/k も不分岐である.

局所体 k の剰余体を例によって $\mathfrak{k}$ とし, 有限体 $\mathfrak{k}$ の元の数を q とする. §3.2, 定理 4 によれば任意の自然数 $n\geq 1$ に対し

$$k\subseteq k_n\subseteq\Omega,\qquad [k_n:k]=n,\qquad k_n/k=\text{不分岐}$$

を満足する中間体 k_n がただ一つ存在する. k_n は多項式 $X^{q^n}-X$ の k 上の分解体で, k_n/k は n 次の巡回拡大, かつ k_n の剰余体を $\mathfrak{k}_n$ とする時, 自然な写像 $\sigma\mapsto\sigma'$ により

$$\mathrm{Gal}(k_n/k)\xrightarrow{\sim}\mathrm{Gal}(\mathfrak{k}_n/\mathfrak{k})$$

となる. $n|m$ であれば $X^{q^n}-X$ は $X^{q^m}-X$ を割り

$$k_n\subseteq k_m.$$

よってすべての k_n, $n\geq 1$, の和集合 K は Ω/k の中間体である. $\nu_K|k_n=\mu|k_n=\nu_{k_n}$ は k_n 上の正規付値であるから, $\nu_K=\mu|K$ は和集合 K の上で正規付値であって, 従って K/k は不分岐拡大である. 一方 F/k を任意の不分岐拡大とし,

$\alpha\in F$ とすれば，$k(\alpha)/k$ も不分岐であるから，$[k(\alpha):k]=n$ とする時 $k(\alpha)=k_n$. よって $\alpha\in k_n\subseteq K$，従って $F\subseteq K$．故に K は(Ω に含まれる) k 上の**最大不分岐拡大体**であることがわかる．以下この K をまた k_{ur} と記す：

$$k_{ur}=K=\bigcup_{n\geq 1}k_n.$$

各 k_n/k はアーベル拡大であるから k_{ur}/k もアーベル拡大である．また K はすべての $n\geq 1$ に対する多項式 $X^{q^n}-X$ の根を全部 k に添加して得られる．即ちすべての $n\geq 1$ に対するすべての1の (q^n-1) 乗根を k に添加して得られる．k を p 局所体とすれば q は p の巾であるから，これらの1の巾根の全体は Ω に含まれる p と素な位数を持つ1の巾根の全体 V_∞ に他ならない．即ち

$$K=k_{ur}=k(V_\infty).$$

定理1　$K=k_{ur}$ の剰余体 $\mathfrak{k}_K$ は k の剰余体 $\mathfrak{k}$ の代数的閉包であって，$\mathrm{Gal}(K/k)$ の元 σ がひきおこす $\mathfrak{k}_K$ の $\mathfrak{k}$ 上の自己同型を σ' とする時，$\sigma\mapsto\sigma'$ は位相同型

$$\mathrm{Gal}(K/k)\xrightarrow{\sim}\mathrm{Gal}(\mathfrak{k}_K/\mathfrak{k})$$

を定義する．

証明　$n|m$ の時 $k_n\subseteq k_m$ であるから $\mathfrak{k}_n\subseteq\mathfrak{k}_m\subseteq\mathfrak{k}_K$．しかるに K は k_n, $n\geq 1$, の和集合で，K の付値環は k_n, $n\geq 1$, の付値環の和集合であるから，$\mathfrak{k}_K$ はまた部分体 $\mathfrak{k}_n$, $n\geq 1$, の和集合となる．しかるに有限体 $\mathfrak{k}$ は各自然数 $n\geq 1$ に対しただ一つの n 次拡大体を有し，かつ $[\mathfrak{k}_n:\mathfrak{k}]=[k_n:k]=n$ であるから，以上より $\mathfrak{k}_K$ が $\mathfrak{k}$ の代数的閉包であることがわかる．また $n|m$ の時 $k_n\subseteq k_m$ であって制限写像 $\sigma\mapsto\sigma|k_n$ により $\mathrm{Gal}(k_m/k)\to\mathrm{Gal}(k_n/k)$ が定義されるが，K は k_n, $n\geq 1$, の和集合であるから前節の一般的注意により

$$\mathrm{Gal}(K/k)=\varprojlim\mathrm{Gal}(k_n/k)$$

となる．全く同様にして

$$\mathrm{Gal}(\mathfrak{k}_K/\mathfrak{k})=\varprojlim\mathrm{Gal}(\mathfrak{k}_n/\mathfrak{k}).$$

一方，定理に述べた写像 $\sigma\mapsto\sigma'$ は各 $n\geq 1$ に対して§3.2，定理4の同型写像 $\mathrm{Gal}(k_n/k)\simeq\mathrm{Gal}(\mathfrak{k}_n/\mathfrak{k})$ をひきおこすから，上の二つの等式より

$$\mathrm{Gal}(K/k) \xrightarrow{\sim} \mathrm{Gal}(\mathfrak{k}_K/\mathfrak{k})$$

を得る．

さて K/k は不分岐で ν_K は正規付値であるから，(K, ν_K) の完備化 $(\bar{K}, \nu_{\bar{K}})$ は§1.3に定義した完備体である．しかも $\bar{K}$ の剰余体 $\mathfrak{k}_{\bar{K}}$ は K の剰余体 $\mathfrak{k}_K$ と一致し，上記定理により $\mathfrak{k}_K$ は代数的閉体であるから，$(\bar{K}, \nu_{\bar{K}})$ は第2章に考察した閉完備体である．即ち局所体 k が与えられた時，それから自然な方法により閉完備体 $\bar{K}$ が構成されることがわかる．例えば，有限体 $\boldsymbol{F}$ の代数的閉包を $\bar{\boldsymbol{F}}$ とする時，局所体 $k=\boldsymbol{F}((X))$ の定める閉完備体 $\bar{K}$ は巾級数体 $\bar{\boldsymbol{F}}((X))$ に他ならない．(§3.2の例を参照.)

$\mathfrak{k}$ は q 個の元から成る有限体で $\mathfrak{k}_K$ はその代数的閉包であるから，写像

$$\omega \longmapsto \omega^q, \qquad \omega \in \mathfrak{k}_K$$

は $\mathfrak{k}_K$ の $\mathfrak{k}$ 上の自己同型を与える．$\mathrm{Gal}(K/k) \simeq \mathrm{Gal}(\mathfrak{k}_K/\mathfrak{k})$ においてこの自己同型に対応する $\mathrm{Gal}(K/k)$ の元 φ を拡大 K/k の **Frobenius 自己同型**（または Frobenius 置換）と呼ぶ．K の付値環を $\mathfrak{o}_K$，その最大イデアルを $\mathfrak{p}_K$ とする時，定義により φ は $\mathfrak{o}_K$ の任意の元 α に対し

$$\varphi(\alpha) \equiv \alpha^q \mod \mathfrak{p}_K$$

を満足し，またこの性質により $\mathrm{Gal}(K/k)$ の元として一意的に特徴付けられる．明らかに，各 $n \geq 1$ に対し φ は k_n/k の Frobenius 自己同型 φ_n (§3.2) をひきおこす．$\mathrm{Gal}(k_n/k)$ は φ_n により生成される位数 n の巡回群であるから

$$\boldsymbol{Z}/n\boldsymbol{Z} \xrightarrow{\sim} \mathrm{Gal}(k_n/k),$$
$$a \bmod n \longmapsto \varphi_n{}^a.$$

故に $n|m$ の時 $\varphi_m|k_n=\varphi|k_n=\varphi_n$ に注意すれば可換図式

$$\begin{array}{ccc} \boldsymbol{Z}/m\boldsymbol{Z} & \xrightarrow{\sim} & \mathrm{Gal}(k_m/k) \\ \downarrow & & \downarrow \\ \boldsymbol{Z}/n\boldsymbol{Z} & \xrightarrow{\sim} & \mathrm{Gal}(k_n/k) \end{array}$$

が得られる．但し左辺の縦写像は $a \bmod m \mapsto a \bmod n$ により定義される自然な

準同型である．よって $n|m$ に対して定義されるこれらの準同型の族に関する射影的極限を

$$\tilde{\boldsymbol{Z}} = \varprojlim \boldsymbol{Z}/n\boldsymbol{Z}$$

とすれば，$\mathrm{Gal}(K/k) = \varprojlim \mathrm{Gal}(k_n/k)$ と上の可換図式とから射影有限群(即ち全不連結なコムパクト群)としての位相同型

$$(1) \qquad \tilde{\boldsymbol{Z}} \xrightarrow{\sim} \mathrm{Gal}(K/k)$$

を得る．さて自然な準同型 $\boldsymbol{Z} \to \boldsymbol{Z}/n\boldsymbol{Z}$, $n \geq 1$, は単射 $\boldsymbol{Z} \to \tilde{\boldsymbol{Z}}$ をひきおこすから $\boldsymbol{Z}$ は $\tilde{\boldsymbol{Z}}$ の稠密部分群と考えられるが，上の同型(1)の定義を吟味してみれば $\tilde{\boldsymbol{Z}}$ の元である自然数 $1 \in \boldsymbol{Z}$ は(1)において K/k の Frobenius 自己同型 φ に写像されることがわかる:

$$1 \longmapsto \varphi.$$

よって(1)は部分群の間の同型

$$\boldsymbol{Z} \xrightarrow{\sim} \langle\varphi\rangle,$$
$$n \longmapsto \varphi^n$$

をひきおこす．但しここに $\langle\varphi\rangle$ は勿論 φ により生成される $\mathrm{Gal}(K/k)$ の部分群であって，$\boldsymbol{Z}$ が $\tilde{\boldsymbol{Z}}$ 内で稠密であるから $\langle\varphi\rangle$ は $\mathrm{Gal}(K/k)$ の稠密部分群である．故に位相同型(1)は $\boldsymbol{Z}$ の元 1 を Frobenius 自己同型 φ に写像するという条件，即ち $1 \mapsto \varphi$, により一意的に決定されることが知られる．

注意　p を素数，$\boldsymbol{Z}_p{}^+$ を p 進整数環の加法群とする時，上の $\tilde{\boldsymbol{Z}}$ はすべての p に対する $\boldsymbol{Z}_p{}^+$ の直積とコムパクト群として同型である．

上の定理1の証明により $\mathfrak{k}_K$ はすべての $\mathfrak{k}_n$, $n \geq 1$, の和集合であるから，§3.1，補題1，系を各 k_n, $n \geq 1$, に適用すれば，自然な準同型 $\mathfrak{o}_K \to \mathfrak{k}_K = \mathfrak{o}_K/\mathfrak{p}_K$ は乗法群の同型

$$V_\infty \xrightarrow{\sim} \mathfrak{k}_K{}^\times$$

をひきおこす．ここに V_∞ は先に定義した通り Ω に含まれる，q と素な(即ち p と素な)位数を持つ1の巾根の全体である．故に $\varphi(V_\infty) = V_\infty$ に注意すれば

Frobenius 自己同型 φ は V_∞ の元 η に対しては合同式 $\varphi(\eta)\equiv\eta^q \bmod \mathfrak{p}_K$ ばかりでなく等式

$$\varphi(\eta) = \eta^q, \qquad \eta\in V_\infty$$

を満足することがわかる.

次に $K=k_{ur}$ 及びその完備化 $\bar{K}$, 即ち K の $\bar{\Omega}$ における閉包, に関するいくつかの結果を証明する. 前節の一般的注意により, K/k の Frobenius 自己同型 φ は $\bar{K}$ の自己同型 $\bar{\varphi}$ に一意的に拡張され, φ と $\bar{\varphi}$ とは剰余体 $\mathfrak{k}_K=\mathfrak{k}_{\bar{K}}$ に同じ自己同型 $\omega\mapsto\omega^q$ をひきおこす. 簡単のため, 今後誤解のおそれのない限り, この $\bar{\varphi}$ をまた φ と書くことにする. さて例により $\mathfrak{k}=\mathfrak{o}/\mathfrak{p}$ としまた

$$\mathfrak{k}_{\bar{K}} = \mathfrak{o}_{\bar{K}}/\mathfrak{p}_{\bar{K}}$$

とする. $\bar{K}$ の自己同型 $\varphi(=\bar{\varphi})$ は明らかに付値環 $\mathfrak{o}_{\bar{K}}$ の加法群及び単数群 $U(\bar{K})$ にそれぞれ自己準同型:

$$\begin{aligned}
\varphi-1 : \mathfrak{o}_{\bar{K}} &\longrightarrow \mathfrak{o}_{\bar{K}},\\
\alpha &\longmapsto (\varphi-1)\alpha = \varphi(\alpha)-\alpha,\\
\varphi-1 : U(\bar{K}) &\longrightarrow U(\bar{K}),\\
\xi &\longmapsto \xi^{\varphi-1} = \varphi(\xi)/\xi
\end{aligned}$$

をひきおこすが, これに関して次の定理が成立する:

定理 2 $\mathfrak{o}\to\mathfrak{o}_{\bar{K}}$, $U(k)\to U(\bar{K})$ を自然な単射とする時

$$\begin{array}{c}
0\longrightarrow \mathfrak{o} \longrightarrow \mathfrak{o}_{\bar{K}} \xrightarrow{\varphi-1} \mathfrak{o}_{\bar{K}} \longrightarrow 0,\\
1\longrightarrow U(k) \longrightarrow U(\bar{K}) \xrightarrow{\varphi-1} U(\bar{K}) \longrightarrow 1
\end{array}$$

は共に完全系列である.

証明 証明は同様であるから下の系列についてだけ述べる. まず $\mathfrak{k}_{\bar{K}}=\mathfrak{k}_K$ は代数的閉体であるから $\omega\mapsto\omega^q-\omega$ 乃至 $\omega\mapsto\omega^{q-1}$ は $\mathfrak{k}_{\bar{K}}^+$ 乃至 $\mathfrak{k}_{\bar{K}}^\times$ を各々それ自身の上に写像し, 従って

(2) $$(\varphi-1)\mathfrak{o}_{\bar{K}}+\mathfrak{p}_{\bar{K}} = \mathfrak{o}_{\bar{K}}, \qquad U(\bar{K})^{\varphi-1}(1+\mathfrak{p}_{\bar{K}}) = U(\bar{K})$$

を得る. また K/k は不分岐であるから k の素元 π は同時に K の素元であり,

従って$\bar{K}$の素元であることに注意する.

さて$\xi\in U(k)$ならば$\xi^{\varphi-1}=1$となることは明白. 逆に$U(\bar{K})$の元ξが$\xi^{\varphi-1}=1$, 即ち$\varphi(\xi)=\xi$, を満足したと仮定しよう. $\mathfrak{k}_{\bar{K}}=\mathfrak{k}_K$であるから上述の集合$V_\infty$と零元0との和集合$A$は$\mathfrak{k}_{\bar{K}}$の$\mathfrak{o}_{\bar{K}}$における完全代表系を成す. よって完備体$\bar{K}$に対して§1.3, 定理1を用いれば$\xi$は

$$\xi=\sum_{n=0}^{\infty}a_n\pi^n,\qquad a_n\in A$$

という形に一意的に展開される. πはkの元であるから$\varphi(\pi)=\pi$. またV_∞, 従ってA, の任意の元aに対しては先の注意により$\varphi(a)=a^q\in A$. 故に

$$\xi=\varphi(\xi)=\sum_{n=0}^{\infty}\varphi(a_n)\varphi(\pi)^n=\sum_{n=0}^{\infty}a_n{}^q\pi^n,\qquad a_n{}^q\in A$$

となり, 展開の一意性から

$$a_n{}^q=a_n,\qquad n\geq 0$$

が得られる. よって§3.1, 補題1により各a_n, $n\geq 0$, は基礎体kに含まれる. しかるに局所体kは完備であるから$\xi=\sum_{n=0}^{\infty}a_n\pi^n$もまた$k$に属し, 特にそれは$U(k)=k^\times\cap U(\bar{K})$に含まれる. これで

$$1\longrightarrow U(k)\longrightarrow U(\bar{K})\xrightarrow{\varphi-1}U(\bar{K})$$

の完全性が証明された.

次に$U(\bar{K})$の任意の元ξに対し,

$$\xi\equiv\eta_n{}^{\varphi-1}\mod\mathfrak{p}_{\bar{K}}{}^{n+1},\qquad\eta_n\equiv\eta_{n+1}\mod\mathfrak{p}_{\bar{K}}{}^{n+1},\qquad n\geq 0$$

を満足する$U(\bar{K})$の元の列$\{\eta_n\}_{n\geq 0}$が存在することを証明する. まずη_0が存在することは(2)により明白. よって$\eta_0,\eta_1,\cdots,\eta_n\,(n\geq 0)$が見付かったとし$\xi\eta_n{}^{1-\varphi}=1+\alpha\pi^{n+1}$とおけば$\alpha$は$\mathfrak{o}_{\bar{K}}$の元であるから, (2)により$\alpha\equiv(\varphi-1)\beta\mod\mathfrak{p}_{\bar{K}}$を満足する$\beta\in\mathfrak{o}_{\bar{K}}$が存在する. この$\beta$により$\eta_{n+1}=\eta_n(1-\beta\pi^{n+1})$とおけば, η_{n+1}は$U(\bar{K})$の元で

$$\xi\equiv\eta_{n+1}{}^{\varphi-1}\mod\mathfrak{p}_{\bar{K}}{}^{n+2},\qquad\eta_n\equiv\eta_{n+1}\mod\mathfrak{p}_{\bar{K}}{}^{n+1}$$

を満足することは直ちに確かめられる. よって$\{\eta_n\}_{n\geq 0}$の存在が証明された. $\bar{K}$は完備体であるからこの$\{\eta_n\}_{n\geq 0}$は$\bar{K}$内で収束するが,

$$\eta = \lim_{n\to\infty} \eta_n$$

とする時，η が $U(\bar{K})$ に属し $\xi=\eta^{\varphi-1}$ となることは明白であろう．故に $U(\bar{K}) \xrightarrow{\varphi-1} U(\bar{K})$ は全射であって，定理の証明は完了した．

補題 3　$K=k_{ur}$ に対し

$$N(K/k) = NU(K/k) = U(k).$$

証明　§3.3，補題4により任意の $n\geq 1$ に対し $N_{k_n/k}(U(k_n))=U(k)$．K は k_n，$n\geq 1$，の和集合であるから，定義より直ちに $NU(K/k)=U(k)$ を得る．また k の素元 π は同時に k_n の素元で，$k_n^{\times}=\langle\pi\rangle\times U(k_n)$ であるから

$$N_{k_n/k}(k_n^{\times}) = \langle\pi^n\rangle\times U(k).$$

$\langle\pi\rangle\simeq \boldsymbol{Z}$ であるから $N(K/k)=U(k)$ も得られる．

補題 4　F を k の代数的拡大体，即ち $k\subseteq F\subseteq \Omega$，とする時，ノルム群 $N(F/k)$ が k の素元を含むためには

$$F\cap K = k, \qquad K = k_{ur}$$

となることが必要かつ十分な条件である．

証明　$F\cap K\neq k$ であれば適当な $n\geq 2$ に対し $k_n\subseteq F\cap K$ となる．よって前補題の証明により $N(F/k)\subseteq N(k_n/k)=\langle\pi^n\rangle\times U(k)$ となるが，$n\geq 2$ であるから $N(F/k)$ は k のどの素元も含まない．次に $F\cap K=k$ とし，F に含まれる k 上の任意の有限次拡大体 k' に対し，k' の素元の全体を $\Pi_{k'}$ と書く．π' を k' の任意の素元とする時 $\Pi_{k'}=\pi' U(k')$ となるから，$\Pi_{k'}$ は k' のコムパクトな部分集合である．また $k'\cap K=k$ より k'/k は完全分岐であるから $N_{k'/k}(\pi')$ は k の素元となる．即ち $N_{k'/k}(\pi')\in\Pi_k$．よって

$$S(k') = N_{k'/k}(\Pi_{k'}) = N_{k'/k}(\pi')NU(k'/k)$$

とおけば，$S(k')$ は Π_k のコムパクトな部分集合で，勿論空集合ではない．また前節補題1の証明におけると同様に $S(k_1'k_2')\subseteq S(k_1')\cap S(k_2')$ が成立するから，Π_k のコムパクト性によりすべての k' に対する $S(k')$ の共通集合は空でない．

この共通集合の元を π とすれば明らかに π は k の素元であって，かつ $N(F/k)$ に属す．よって補題は証明された．

§4.3　$K=k_{ur}$ の拡大体

次に $K=k_{ur}$ の拡大体，特に有限次拡大体，に関する補題をいくつか証明しておく．

補題 5　L を $K=k_{ur}$ の任意の有限次拡大体とすれば

$$L = k'K$$

を満足する k 上の有限次拡大体 k' が存在し，このような任意の k' に対し

$$L = k'_{ur} = k' \text{ 上の最大不分岐拡大体},$$

$$N(L/k) = NU(L/k) = NU(k'/k)$$

となる．従って L の完備化 $\bar{L}$ は $\bar{K}$ と同様に閉完備体である．

証明　$L=K(\alpha_1, \cdots, \alpha_n)$ とする時，$k'=k(\alpha_1, \cdots, \alpha_n)$ とおけば k'/k は有限次拡大でかつ $L=k'K$ となる．§4.2 の注意により $K=k(V_\infty)$ であるから

$$L = k'K = k'(V_\infty) = k'_{ur}$$

が得られる．また補題3により $N(L/k) \subseteq N(K/k) = U(k)$．従って

$$N(L/k) = N(L/k) \cap U(k) = NU(L/k).$$

一方 $L=k'_{ur}$ を用いれば補題2, 3により

$$NU(L/k) = N_{k'/k}(NU(L/k')) = N_{k'/k}(U(k')) = NU(k'/k).$$

また $L=k'_{ur}$ であるから $\bar{L}$ も $\bar{K}$ と同様に閉完備体である．

補題 6　L を $K=k_{ur}$ の有限次分離拡大体とすれば

$$\bar{K}L = \bar{L}, \qquad \bar{K} \cap L = K, \qquad [\bar{L}:\bar{K}] = [L:K].$$

特に L/K が有限次ガロア拡大であれば $\bar{L}/\bar{K}$ もガロア拡大であって，写像 $\bar{\sigma} \mapsto \sigma = \bar{\sigma}|L$ により

$$\mathrm{Gal}(\bar{L}/\bar{K}) \xrightarrow{\sim} \mathrm{Gal}(L/K).$$

証明　$L\subseteq\bar{K}L\subseteq\bar{L}$ であるから $\bar{K}L$ は明らかに $\bar{L}$ の中で稠密であるが，$\bar{K}L/\bar{K}$ は有限次拡大であるから§1.2，補題2により $\bar{K}$ の完備な付値 $\nu_{\bar{K}}=\bar{\mu}|\bar{K}$ の $\bar{K}L$ における延長 $\bar{\mu}|\bar{K}L$ は完備である．よって $\bar{K}L$ は $\nu_{\bar{L}}=\bar{\mu}|\bar{L}$ による位相に関して $\bar{L}$ の閉集合であって，従って $\bar{K}L=\bar{L}$.

次に，分離拡大体 L を含む K 上の有限次ガロア拡大体を L' とすれば $K\subseteq\bar{K}\cap L\subseteq\bar{K}\cap L'$. 故に $\bar{K}\cap L=K$ を示すには，L/K がガロア拡大，従って $\bar{L}/\bar{K}=\bar{K}L/\bar{K}$ もガロア拡大と仮定してよい．さて§4.1の注意により，$\mathrm{Gal}(L/K)$ の任意の元 σ は $\mathrm{Gal}(\bar{L}/\bar{K})$ の元 $\bar{\sigma}$ に拡張される：$\bar{\sigma}|L=\sigma$. 故に $\mathrm{Gal}(L/K)$ の位数は $\mathrm{Gal}(\bar{L}/\bar{K})$ の位数を超えないが，一方 $[\bar{L}:\bar{K}]=[\bar{K}L:\bar{K}]=[L:\bar{K}\cap L]\leq[L:K]$ であるから $\bar{K}\cap L=K$ が得られる．また同時に $\bar{\sigma}\to\sigma=\bar{\sigma}|L$ により $\mathrm{Gal}(\bar{L}/\bar{K})\simeq\mathrm{Gal}(L/K)$ となることもわかる．

系　Ω に含まれる k 上の最大分離拡大体を Ω_s とすれば

$$\bar{K}\cap\Omega_s=K.$$

証明　まず

$$k\subseteq K=k_{ur}\subseteq\Omega_s\subseteq\Omega\subseteq\bar{\Omega}$$

に注意する．Ω_s は上の補題に述べたような K 上のすべての有限次分離拡大体 L の和集合であるから，$\bar{K}\cap L=K$ から直ちに $\bar{K}\cap\Omega_s=K$ が得られる．

一般に L を $K=k_{ur}$ の任意の代数的拡大体とする時

$$k'\cap K=k,\qquad k'K=L$$

を満足する L/k の中間体 k' を L/k の**補助体**と呼ぶことにする．K/k はガロア拡大であるから k' が補助体であれば L/k' もガロア拡大であって

$$[L:K]=[k':k],\qquad \mathrm{Gal}(L/k')\xrightarrow{\sim}\mathrm{Gal}(K/k).$$

特に L/K が有限次拡大である場合には k'/k も有限次拡大となり，従って補題5により $L=k'_{ur}$ となる．この場合 k, k', K, L の剰余体をそれぞれ $\mathfrak{k}, \mathfrak{k}', \mathfrak{k}_K, \mathfrak{k}_L$ とすれば，前節により $\mathfrak{k}_K, \mathfrak{k}_L$ はそれぞれ $\mathfrak{k}, \mathfrak{k}'$ の代数的閉包となるが，定義により $k'\cap K=k$, 即ち k'/k は完全分岐であるから $\mathfrak{k}=\mathfrak{k}'$, 従って

$$\mathfrak{k}_K = \mathfrak{k}_L.$$

よってK/k, L/k'のFrobenius自己同型をφ, φ'とする時，定義より直ちに

$$\varphi' | K = \varphi$$

が得られる．即ち自然な同型$\mathrm{Gal}(L/k') \simeq \mathrm{Gal}(K/k)$において$\varphi' \mapsto \varphi$となる．

次に補助体の存在を証明するのであるが，そのため一般にNを射影有限群Gの閉不変部分群とし，またコムパクト群としての同型

$$G/N \xrightarrow{\sim} \tilde{\boldsymbol{Z}} = \varprojlim \boldsymbol{Z}/n\boldsymbol{Z} \tag{3}$$

が与えられたものとする．上の同型において$\sigma N \to 1$となるようなGの元σを一つ定めて，σにより生成される巡回群$\langle\sigma\rangle$のGにおける閉包をHとし，また

$$f : \boldsymbol{Z} \longrightarrow \langle\sigma\rangle,$$
$$n \longmapsto \sigma^n$$

とおく．HはGと同様に射影有限群であるからHの開(不変)部分群の集合$\{U\}$はHにおける単位元の基本近傍系を成し，このような任意のUに対し$m=[H:U]$とおけばmは有限であって

$$f(m\boldsymbol{Z}) \subseteq \langle\sigma\rangle \cap U.$$

故にf: $\boldsymbol{Z} \to \langle\sigma\rangle$は連続な全射準同型

$$f : \tilde{\boldsymbol{Z}} \longrightarrow H$$

に拡張され，自然な単射$H \to G$により系列

$$G/N \xrightarrow{\sim} \tilde{\boldsymbol{Z}} \longrightarrow H \longrightarrow G \longrightarrow G/N$$

が得られるが，ここで

$$\sigma N \longmapsto 1 \longmapsto \sigma \longmapsto \sigma \longmapsto \sigma N.$$

従って自然な全射$G \to G/N$は位相同型

$$H \xrightarrow{\sim} G/N$$

をひきおこし

$$HN = G, \qquad H \cap N = 1 \tag{4}$$

であることがわかる．逆にGの閉部分群Hが上の二つの等式を満足すれば$G \to G/N$は$H \simeq G/N$をひきおこし

$$H \xrightarrow{\sim} G/N \xrightarrow{\sim} \tilde{\boldsymbol{Z}}$$

において

$$\sigma \longmapsto \sigma N \longmapsto 1$$

とする時，H は巡回群 $\langle\sigma\rangle$ の G における閉包と一致する．かくして与えられた同型(3)において $\sigma N\to 1$ となるような G の元 σ と，(4)を満足する G の閉部分群 H との間に1対1の対応が付けられる．

補題7　$K=k_{ur}$ を含む k 上の任意のガロア拡大体を L とする時，L/k の補助体 k' が存在する：$k'\cap K=k$, $k'K=L$. 実際 K/k の Frobenius 自己同型 φ の拡張である L/k の自己同型を ϕ とし，ϕ により不変な L の元の全体を k' とすれば k' は L/k の補助体である．しかも

$$\phi \longmapsto k'$$

は φ の拡張 ϕ の集合と L/k の補助体 k' の集合との間の1対1の対応を与える．

証明　まず L/k はガロア拡大であるから φ は L/k の自己同型 ϕ に拡張し得ることを注意する．$G=\mathrm{Gal}(L/k)$, $N=\mathrm{Gal}(L/K)$ とすれば(1)により

$$G/N=\mathrm{Gal}(K/k) \xrightarrow{\sim} \tilde{\boldsymbol{Z}},$$
$$\varphi \longmapsto 1.$$

$G=\mathrm{Gal}(L/k)$ の元 ϕ が φ の拡張であるということは $\phi N=\varphi$ と同意義である．また補題中の k' はガロアの理論において $\langle\phi\rangle$ の G における閉包 H に対応する L/k の中間体に他ならない．よって補題の主張は上の群論的考察から($\sigma=\phi$ として)直ちに導かれる．

第5章　アーベル拡大 k_{ab}/k_{ur}

前章に引続き，局所体 k の代数的閉包 Ω 及びその完備化 $\bar{\Omega}$ を定め，k 上の代数的拡大体 F 及びその完備化 $\bar{F}$ はいつも Ω 乃至 $\bar{\Omega}$ の部分体と考える．Ω に含まれる k 上のすべてのアーベル拡大体の合成体を k_{ab} とすれば，k_{ab} はまたそれ自身 k 上のアーベル拡大体となる．よって k_{ab} は(Ω に含まれる) k 上の**最大アーベル拡大体**である．k の最大不分岐拡大体 k_{ur} は k 上のアーベル拡大体であったから(§4.2) k_{ab} の部分体である：

$$k \subseteq k_{ur} \subseteq k_{ab}.$$

前章では拡大 $k_{ur}/k\,(=K/k)$ について述べたが，本章ではまず Hazewinkel [6] の基本的着想をやや一般化した形で紹介し，それによって得られた結果に基づいてアーベル拡大 k_{ab}/k_{ur} を考察して，特に k の単数群 $U(k)$ からガロア群 $\mathrm{Gal}(k_{ab}/k_{ur})$ への自然な位相同型 δ_k の存在を証明する．

§5.1　有限次ガロア拡大 E/k

局所体 k の任意の有限次ガロア拡大体を E とし

$$K=k_{ur}, \qquad k_0=E\cap K, \qquad L=EK$$

とする．k_0 は E に含まれる k 上の最大不分岐拡大体，即ち E/k の惰性体(§3.2)，であって，一方§4.3，補題5により

$$L=E_{ur}=E\text{ 上の最大不分岐拡大体}, \qquad [L:K]<+\infty$$

となり，また K, L の完備化 $\bar{K}, \bar{L}$ は共に閉完備体である．E/k, K/k がガロア拡大であるから L/k, 従って L/K, もガロア拡大である．よって§4.3，補題6よ

り完備化の拡大 $\bar{L}/\bar{K}$ も有限次ガロア拡大であって，制限写像 $\bar{\sigma}\mapsto\sigma=\bar{\sigma}|L$ により $\mathrm{Gal}(\bar{L}/\bar{K})\simeq\mathrm{Gal}(L/K)$ となる．簡単のために今後は $\bar{\sigma}$ と σ とを同一視して

$$\mathrm{Gal}(\bar{L}/\bar{K})=\mathrm{Gal}(L/K)$$

とする．また§4.1に述べたように $\bar{K}$, $\bar{L}$ の単数群をそれぞれ $U(\bar{K})$, $U(\bar{L})$ で表わし，一方§2.2に定義した $U(\bar{L})$ の部分群 $V_{\bar{L}/\bar{K}}$ を今後は $V(\bar{L}/\bar{K})$ と書くことにする．即ち $V(\bar{L}/\bar{K})$ は

$$\xi^{\sigma-1}=\sigma(\xi)/\xi,\qquad \xi\in U(\bar{L}),\ \sigma\in\mathrm{Gal}(L/K)$$

なる形のすべての元により生成される $U(\bar{L})$ の部分群である．$\bar{L}/\bar{K}$ は閉完備体の有限次ガロア拡大であるから，§2.2，定理2により基本完全系列

$$(1)\qquad 1\longrightarrow\mathrm{Gal}(L/K)^{ab}\xrightarrow{\ i\ }U(\bar{L})/V(\bar{L}/\bar{K})\xrightarrow{\ N\ }U(\bar{K})\longrightarrow 1$$

が与えられる．但し i は§2.2，補題4の $i:\mathrm{Gal}(L/K)\to U(\bar{L})/V(\bar{L}/\bar{K})$ から誘導された準同型であって，また $N=N_{\bar{L}/\bar{K}}$ は $\bar{L}/\bar{K}$ のノルム写像である．

さて K/k_0, L/E の Frobenius 自己同型をそれぞれ φ_0, ϕ とすれば，E は L/k_0 の補助体であるから§4.3の注意により

$$\phi|K=\varphi_0$$

が得られる．$\mathrm{Gal}(L/k)$ の任意の元を ρ とする時，$\rho\phi\rho^{-1}$ は明らかに $\rho(L)/\rho(E)$ の Frobenius 自己同型であるが，$\rho(L)=L$, $\rho(E)=E$ であるから

$$\rho\phi\rho^{-1}=\phi,\qquad \rho\phi=\phi\rho$$

となる．これらの等式は ρ,ϕ をその拡張である $\bar{L}$ の自己同型と考えても成立する．よって特に任意の $\sigma\in\mathrm{Gal}(L/K)$ 及び $\xi\in U(\bar{L})$ に対し

$$(\xi^{\sigma-1})^{\phi-1}=(\xi^{\phi-1})^{\sigma-1}$$

が得られる．しかるに§4.2，定理2により $\phi-1$: $U(\bar{L})\to U(\bar{L})$ は全射であるから上式より

$$(2)\qquad V(\bar{L}/\bar{K})^{\phi-1}=V(\bar{L}/\bar{K}),$$

即ち $\phi-1$: $V(\bar{L}/\bar{K})\to V(\bar{L}/\bar{K})$ もまた全射であることがわかる．よって特に準同型 $\phi-1$: $U(\bar{L})\to U(\bar{L})$ は自己準同型

$$\alpha=\phi-1:U(\bar{L})/V(\bar{L}/\bar{K})\longrightarrow U(\bar{L})/V(\bar{L}/\bar{K})$$

をひきおこす．次に

$$\beta=\varphi_0-1 : U(\bar{K}) \longrightarrow U(\bar{K})$$

とし，また

$$\gamma : \mathrm{Gal}(L/K)^{ab} \longrightarrow \mathrm{Gal}(L/K)^{ab}$$

を $\mathrm{Gal}(L/K)^{ab}$ の自明な自己準同型，即ち $\mathrm{Gal}(L/K)^{ab}$ のすべての元を単位元に写像する自己準同型として，これらの α,β,γ により定義される次の図式を考察する：

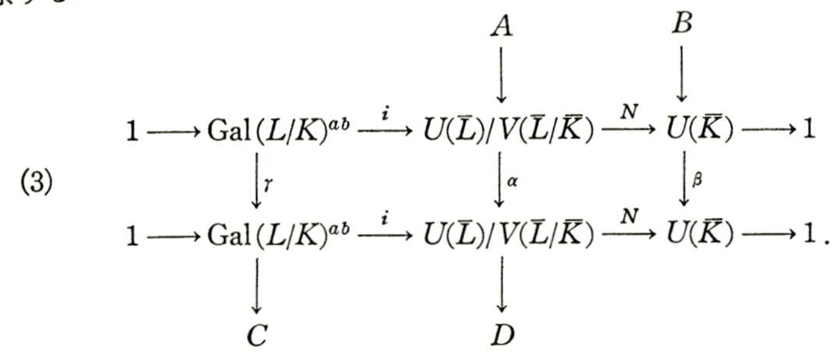

$$\begin{array}{ccccccccc} & & & & A & & B & & \\ & & & & \downarrow & & \downarrow & & \\ 1 & \longrightarrow & \mathrm{Gal}(L/K)^{ab} & \xrightarrow{i} & U(\bar{L})/V(\bar{L}/\bar{K}) & \xrightarrow{N} & U(\bar{K}) & \longrightarrow & 1 \\ & & \downarrow\gamma & & \downarrow\alpha & & \downarrow\beta & & \\ 1 & \longrightarrow & \mathrm{Gal}(L/K)^{ab} & \xrightarrow{i} & U(\bar{L})/V(\bar{L}/\bar{K}) & \xrightarrow{N} & U(\bar{K}) & \longrightarrow & 1. \\ & & \downarrow & & \downarrow & & & & \\ & & C & & D & & & & \end{array} \tag{3}$$

ここに横列は勿論先に述べたガロア拡大 $\bar{L}/\bar{K}$ の基本完全系列(1)であって，A, B はそれぞれ α,β の核，また C, D はそれぞれ γ,α の余核である．

補題1　上の図式(3)は可換図式であって

$$A=U(E)V(\bar{L}/\bar{K})/V(\bar{L}/\bar{K}),\qquad B=U(k_0),$$
$$C=\mathrm{Gal}(L/K)^{ab},\qquad D=1.$$

証明　$\phi|\bar{K}=\varphi_0$ であるから(3)の右辺の四辺形が可換であることは明白．次に $\bar{L}$ の素元 $\bar{\pi}$ を定めれば，準同型 i の定義(§2.2)により $i(\sigma)$, $\sigma\in\mathrm{Gal}(L/K)$, は $\bar{\pi}^{\sigma-1}=\sigma(\bar{\pi})/\bar{\pi}$ を含む $U(\bar{L})/V(\bar{L}/\bar{K})$ の剰余類であるが，§1.2, 補題3により $\bar{\pi}^{\phi-1}\in U(\bar{L})$ となるから

$$(\bar{\pi}^{\sigma-1})^{\phi-1}=(\bar{\pi}^{\phi-1})^{\sigma-1}\in V(\bar{L}/\bar{K}).$$

従って $\alpha\circ i=1$ であって，(3)の左辺の四辺形も可換である．§4.2, 定理2により $\phi-1$: $U(\bar{L})\to U(\bar{L})$ の核は $U(E)$ であるから，(2)により $A=U(E)V(\bar{L}/\bar{K})/V(\bar{L}/\bar{K})$. また同じ定理により $B=U(k_0)$ も得られる．$C=\mathrm{Gal}(L/K)^{ab}$ は γ の定義より明白．また $\phi-1$: $U(\bar{L})\to U(\bar{L})$ はやはり§4.2, 定理2によって全射

であるから $D=1$.

図式(3)は可換であるから，写像 N, i は準同型

$$A \longrightarrow B, \qquad C \longrightarrow D$$

をひきおこし，これらの準同型を(3)に付け加えて得られる図式もまた可換である．簡単のためにこの拡張された図式も以下図式(3)として引用することにする．

さて(拡張された)図式(3)において二つの横列(1)は共に完全系列であるから，いわゆる Snake lemma により

$$A \longrightarrow B \longrightarrow C \longrightarrow D$$

が完全系列となるような準同型

$$\delta : B \longrightarrow C$$

が存在する[1]．即ち $B=U(k_0)$ の任意の元 v が与えられた時，図式の可換性と完全性とにより，$v=N(\xi)$ を満足する $U(\bar{L})$ の元 ξ が存在し，また $i(\sigma)=\alpha(\xi \bmod V(\bar{L}/\bar{K}))$ 即ち $\sigma(\bar{\pi})/\bar{\pi}\equiv\xi^{\varphi-1} \bmod V(\bar{L}/\bar{K})$ となるような $C=\mathrm{Gal}(L/K)^{ab}$ の元 σ が存在する．しかもこの σ は v により一意的に定まるから，$\delta(v)=\sigma$ とおくことにより $\delta: B\to C$ が定義される．この δ が準同型で，$A\to B\to C\to D$ が完全系列になることは容易に確かめられるであろう．

上記補題1により $D=1$ であるから $\delta: B\to C$ は全射である．また同じ補題により $\mathrm{Ker}(\delta)=\mathrm{Im}(A\to B)$ は

$$N(U(E)V(\bar{L}/\bar{K})) = N_{E/k_0}(U(E)) = NU(E/k_0)$$

に等しい．よって δ は基本的な同型写像

$$U(k_0)/NU(E/k_0) \xrightarrow{\sim} \mathrm{Gal}(L/K)^{ab} \tag{4}$$

1)　Snake lemma については代数学の教科書，例えば N. Bourbaki, Algèbre commutative, Chap. I, §1 参照．但し証明は一般の場合にも以下に述べることをただ図式追跡により確かめるだけのことである．

をひきおこす.

補題2 ガロア群 $\mathrm{Gal}(L/k)$ は図式(3)の中の各群に自然に作用し，この図式の各写像は $\mathrm{Gal}(L/k)$ を作用素群とする準同型である．従って同型(4)も $\mathrm{Gal}(L/k)$ を作用素群とする同型である.

証明 K/k がガロア拡大であるから $\mathrm{Gal}(L/K)$ は $\mathrm{Gal}(L/k)$ の不変部分群であって，従って $\mathrm{Gal}(L/K)$ の交換子群 $\mathrm{Gal}(L/K)'$ もまた $\mathrm{Gal}(L/k)$ の不変部分群である．よって $\mathrm{Gal}(L/k)$ の内部自己同型 $\tau \mapsto \rho\tau\rho^{-1}$, $\tau \in \mathrm{Gal}(L/k)$, は

$$\mathrm{Gal}(L/K)^{ab} = \mathrm{Gal}(L/K)/\mathrm{Gal}(L/K)'$$

の自己同型をひきおこし，これにより $\mathrm{Gal}(L/k)$ は $\mathrm{Gal}(L/K)^{ab}$ の上に自然に作用する．$\mathrm{Gal}(L/k)$ の元 ρ と，ρ の $\bar{L}$ 上への拡張 $\bar{\rho}$ とを例により同一視すれば，ρ は明らかに $U(\bar{L})$ をそれ自身の上に写像する．$\xi \in U(\bar{L})$, $\sigma \in \mathrm{Gal}(L/K)$ とする時，$\sigma' = \rho\sigma\rho^{-1}$ とおけば σ' は $\mathrm{Gal}(L/K)$ に属し，かつ

$$\rho(\xi^{\sigma-1}) = \rho(\sigma(\xi)/\xi) = \rho(\xi)^{\sigma'-1}$$

となるから，ρ は $U(\bar{L})$ の部分群 $V(\bar{L}/\bar{K})$ をそれ自身に写像する．よって $\mathrm{Gal}(L/k)$ は $U(\bar{L})/V(\bar{L}/\bar{K})$ に自然に作用する．K/k はガロア拡大で $\rho(K)=K$ であるから $\mathrm{Gal}(L/k)$ が $U(\bar{K})$ に作用することは明白．$\bar{L}$ の素元を $\bar{\pi}$ とする時，上と同様にして $\rho(\bar{\pi}^{\sigma-1})=\rho(\bar{\pi})^{\sigma'-1}$ となるから

$$\rho(i(\sigma)) = i(\rho\sigma\rho^{-1}), \qquad \sigma \in \mathrm{Gal}(L/K),\ \ \rho \in \mathrm{Gal}(L/k).$$

よって写像 i は $\mathrm{Gal}(L/k)$ を作用素群とする準同型である．また $\mathrm{Gal}(L/K)$ が $\mathrm{Gal}(L/k)$ の不変部分群であることから，ノルム写像 $N=N_{\bar{L}/\bar{K}}$ が $\mathrm{Gal}(L/k)$ 上の準同型であることも直ちにわかる．$\rho\phi=\phi\rho$ が成立することは既に述べたが，同様にして(或いは $\mathrm{Gal}(K/k)$ がアーベル群であることを用いて) $\rho|K$ と φ_0 とが可換であることが知られる．よって α, β は $\mathrm{Gal}(L/k)$ を作用素群とする準同型である．γ が同様な準同型であることは γ の定義から明白．また N, i より誘導された $A \to B$, $C \to D$ がやはり $\mathrm{Gal}(L/k)$ 上の準同型であることも明らかである．故に図式(3)の写像はすべて $\mathrm{Gal}(L/k)$ を作用素群とする準同型であって，従ってそれから導かれる δ: $B \to C$ 及び同型(4)も $\mathrm{Gal}(L/k)$ を作用素群とする

準同型乃至同型である.

さて K/k の Frobenius 自己同型を φ とし,

$$G = \mathrm{Gal}(L/k), \qquad H = \mathrm{Gal}(L/K)$$

とおく. また φ の $G=\mathrm{Gal}(L/k)$ における任意の拡張を簡単のために再び φ と書くこととし, H と φ とから生成される G の部分群を G_1 とする. H は G の不変部分群であるから H の交換子群 $H'=[H,H]$ も G の不変部分群であって

$$H' \subseteq H^{\varphi-1}H' \subseteq H.$$

しかも容易にわかるように $H^{\varphi-1}H'$ は G_1 の不変部分群であり, かつ $G_1/H^{\varphi-1}H'$ はアーベル群である. しかるに L/K は有限次拡大であるから H は有限群, 従ってその部分群 $H^{\varphi-1}H'$ は Krull 位相に関して G の閉部分群となる. 一方, Frobenius 自己同型 φ は $G/H=\mathrm{Gal}(K/k)$ の稠密部分群を生成するから G_1 は G の稠密部分群である. 故に $H^{\varphi-1}H'$ は G においても不変部分群であり, かつ $G/H^{\varphi-1}H'$ はアーベル群であって, 従って $H^{\varphi-1}H'$ は G の交換子群 $G'=[G,G]$ を含む: $G'\subseteq H^{\varphi-1}H'$. 一方 $H^{\varphi-1}H'\subseteq G'$ は明白であるから

$$G' = H^{\varphi-1}H'$$

が得られ, 特に G' が G の閉部分群であることも知られる. よってガロア理論により $G'=H^{\varphi-1}H'$ に対応する L/k の中間体は L に含まれる k 上の最大アーベル拡大体, 即ち $k_{ab}\cap L$ である:

$$\mathrm{Gal}(L/k_{ab}\cap L) = H^{\varphi-1}H'.$$

しかるに $\mathrm{Gal}(L/K)^{ab}=H/H'$ であるから $\mathrm{Gal}(L/k)$ 上の同型写像である(4): $U(k_0)/NU(E/k_0)\simeq H/H'$ は同型

$$U(k_0)/U(k_0)^{\varphi-1}NU(E/k_0) \xrightarrow{\sim} H/H^{\varphi-1}H' = \mathrm{Gal}(k_{ab}\cap L/K)$$

をひきおこす.

次にノルム写像

$$N_{k_0/k} : U(k_0) \longrightarrow U(k)$$

を考える. k_0/k は有限次不分岐拡大で $\mathrm{Gal}(k_0/k)$ は $\varphi|k_0$ により生成される巡回

群であるから，$U(k_0)$ の元 v が $N_{k_0/k}(v)=1$ を満足すれば Hilbert の定理により $v=z^{\varphi-1}$ を満足する $z\in k_0^\times$ が存在する．しかるに k の素元 π はまた不分岐拡大体 k_0 の素元であって $z=\pi^m w$, $w\in U(k_0)$, $m\in \boldsymbol{Z}$, と書けるから，$v=w^{\varphi-1}$, $w\in U(k_0)$, となる．即ち上の準同型 $N_{k_0/k}$ の核は $U(k_0)^{\varphi-1}$ である．よって§3.3，補題4を用いれば，$N_{k_0/k}$ は

$$U(k_0)/U(k_0)^{\varphi-1}NU(E/k_0) \xrightarrow{\sim} U(k)/NU(E/k)$$

をひきおこす．従って先に証明された同型から

$$U(k)/NU(E/k) \xrightarrow{\sim} \mathrm{Gal}(k_{ab}\cap L/K)$$

が得られる．

以上の結果をまとめて次の定理が得られる．即ち局所体 k の任意の有限次ガロア拡大体を E とし

$$K=k_{ur},\quad k_0=E\cap K,\quad L=EK=E_{ur},\quad \bar{K},\bar{L}=K,L \text{ の完備化},$$

$$\psi=L/E \text{ の Frobenius 自己同型},\qquad \bar{\pi}=\bar{L} \text{ の任意の素元}$$

とする．また $\mathrm{Gal}(\bar{L}/\bar{K})=\mathrm{Gal}(L/K)$ として，すべての $\xi^{\sigma-1}$, $\xi\in U(\bar{L})$, $\sigma\in\mathrm{Gal}(L/K)$, から生成される $U(\bar{L})$ の部分群を $V(\bar{L}/\bar{K})$ と書き，一方 $K\subseteq k_{ab}\cap L\subseteq L$ であるから $\mathrm{Gal}(L/K)$ の元 σ の $k_{ab}\cap L$ 上への制限を例により $\sigma|k_{ab}\cap L$ とする．これは $\mathrm{Gal}(L/K)$ の剰余群 $\mathrm{Gal}(k_{ab}\cap L/K)$ の元である．

定理1　与えられた任意の有限次ガロア拡大 E/k に対し $K, k_0, L=E_{ur}$ 等を上述の如く定義する時，k の単数群 $U(k)$ の任意の元 u に対して

$$N_{k_0/k}(v)=u,\qquad N_{\bar{L}/\bar{K}}(\xi)=v,\qquad \bar{\pi}^{\sigma-1}\equiv\xi^{\psi-1}\mod V(\bar{L}/\bar{K})$$

を満足する $U(k_0)$, $\bar{L}$, $\mathrm{Gal}(L/K)$ の元 v,ξ,σ が存在し，しかも $\sigma|k_{ab}\cap E_{ur}$ は u にのみ依存して，写像

$$u \mod NU(E/k)\longmapsto \sigma|k_{ab}\cap E_{ur}$$

は同型

$$\delta_{E/k}: U(k)/NU(E/k)\xrightarrow{\sim}\mathrm{Gal}(k_{ab}\cap E_{ur}/k_{ur})$$

を与える．

次に Hazewinkel [6] におけるように E/k が特にアーベル拡大である場合を考察する．この場合 $L=E_{ur}=EK$ も k 上のアーベル拡大体であるから定理1の同型 $\delta_{E/k}$ の右辺は

$$\mathrm{Gal}(L/K)=\mathrm{Gal}(E/E\cap K)=\mathrm{Gal}(E/k_0)$$

となる．しかるに有限次拡大 E/k に対し $e=e(E/k)$, $f=f(E/k)$ とおけば§3.2, 定理5により $[E:k_0]=e$ であるから $\delta_{E/k}$ は特に等式

$$[U(k):NU(E/k)]=e \tag{5}$$

を与える．この証明では定理1の結果を用いたが，上の等式(5)はまた補題1と Snake lemma とだけから直接に次のようにしても得られる．即ち§4.3, 補題7により L/k の補助体を E' とすれば

$$E'\cap K=k, \qquad E'K=L$$

であって，かつ E'/k は有限次アーベル拡大である．よって E'/k に対しても図式(3)と同様な可換図式が定義され，この図式に対し補題1と Snake lemma を適用すれば直ちに((4)の代りに)同型

$$U(k)/NU(E'/k)\xrightarrow{\sim}\mathrm{Gal}(L/K)$$

が得られる．しかるに $L=EK=E'K$ であるから§4.3, 補題5により

$$NU(E'/k)=NU(L/k)=NU(E/k).$$

故に上の同型は $U(k)/NU(E/k)\simeq\mathrm{Gal}(L/K)$ と書くことが出来て，従ってあとは上と同じようにして(5)が導かれる．

さて k の正規付値を ν とすれば§1.3, 定理3, 系により $\nu(N(E/k))=f\boldsymbol{Z}$ となるから，$N(E/k)\cap U(k)=NU(E/k)$ に注意すれば上の等式(5)と§1.3, 定理3を用いて

$$\begin{aligned}[k^\times:N(E/k)]&=[k^\times:N(E/k)U(k)][N(E/k)U(k):N(E/k)]\\&=[\boldsymbol{Z}:f\boldsymbol{Z}][U(k):NU(E/k)]=fe=[E:k]\end{aligned}$$

が得られる[2)]．即ち任意の有限次アーベル拡大 E/k に対し

$$[k^\times:N(E/k)]=[E:k]$$

---

2)　後章§6.3, 定理6の証明参照.

が成立する．この等式は局所類体論の**基本等式**と呼ばれ，局所類体論の構成において最も重要な結果の一つである．このように基本等式が比較的簡単に(直接的に)導かれる点に Hazewinkel の方法の特色がある．本書では後に§6.3において基本等式を少し違った方法により，即ち同型 $k^\times/N(E/k)\simeq\mathrm{Gal}(E/k)$ の結果として，改めて証明するが，ここでは Hazewinkel の着想の要点を明らかにするためあらかじめ上の証明を紹介した．

§5.2　$\delta_{E/k}$ の性質

本節では前節定理1に定義された同型 $\delta_{E/k}$ の性質，特にそれがガロア拡大 E/k にどのように依存するかを考察する．以下 $K=k_{ur}$, $k_0=E\cap K$, $L=EK=E_{ur}$, $\bar{K}$, $\bar{L}$, ψ, $\bar{\pi}$ 等はすべて定理1に述べた通りとする．

定理1の E に含まれる k 上の有限次ガロア拡大体を E' とする: $k\subseteq E'\subseteq E$. 明らかに

$$NU(E/k)\subseteq NU(E'/k),\qquad k_{ur}\subseteq k_{ab}\cap E'_{ur}\subseteq k_{ab}\cap E_{ur}$$

であるから，自然な準同型

$$U(k)/NU(E/k)\longrightarrow U(k)/NU(E'/k),$$

$$\mathrm{Gal}(k_{ab}\cap E_{ur}/k_{ur})\longrightarrow\mathrm{Gal}(k_{ab}\cap E'_{ur}/k_{ur})$$

が定義される．また定理1を E'/k に適用して

$$\delta_{E'/k}: U(k)/NU(E'/k)\xrightarrow{\ \sim\ }\mathrm{Gal}(k_{ab}\cap E'_{ur}/k_{ur})$$

が得られる．

補題3　図式

$$\begin{array}{ccc} U(k)/NU(E/k) & \xrightarrow{\ \sim\ } & \mathrm{Gal}(k_{ab}\cap E_{ur}/k_{ur}) \\ \downarrow & & \downarrow \\ U(k)/NU(E'/k) & \xrightarrow{\ \sim\ } & \mathrm{Gal}(k_{ab}\cap E'_{ur}/k_{ur}) \end{array}$$

は可換である．

証明　$k'_0=E'\cap K$, $L'=E'K=E'_{ur}$ とおく．定理1により $u\in U(k)$ に対し

$$u=N_{k_0/k}(v),\qquad v=N_{\bar{L}/\bar{K}}(\xi),\qquad \bar{\pi}^{\sigma-1}\equiv\xi^{\phi-1}\mod V(\bar{L}/\bar{K}),$$
$$v\in U(k_0),\qquad \xi\in U(\bar{L}),\qquad \sigma\in \mathrm{Gal}(\bar{L}/\bar{K})$$

とすれば，補題の図式の上段の同型において

$$u\mod NU(E/k)\longmapsto\sigma|k_{ab}\cap L$$

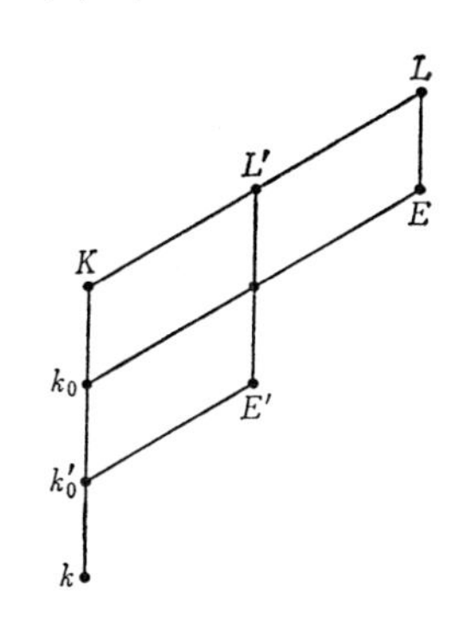

となる．簡単のため $N=N_{\bar{L}/\bar{L}'}$ と書けば§2.2, (4)により $N(V(\bar{L}/\bar{K}))=V(\bar{L}'/\bar{K})$．また§2.1, 補題1により $\bar{L}/\bar{L}'$ は完全分岐であるから $\bar{\pi}'=N(\bar{\pi})$ は $\bar{L}'$ の素元である．一方 $\mathrm{Gal}(L/L')$ は $\mathrm{Gal}(L/k)$ の不変部分群であるから $N(\bar{\pi}^{\sigma-1})=N(\bar{\pi})^{\sigma-1}=\bar{\pi}'^{\sigma-1}$．同様に $N(\xi^{\phi-1})=N(\xi)^{\phi-1}$．しかるに L'/E' の Frobenius 自己同型を ϕ' とし

$$m=[k_0:k'_0]=[E\cap L':E'],\qquad \omega=1+\phi'+\cdots+\phi'^{m-1}$$

とおけば $\phi|L'=\phi'^m$．但し ϕ は L/E の Frobenius 自己同型であった．よって $\xi'=N(\xi)^\omega$ とおけば $N(\xi^{\phi-1})=\xi'^{\phi'-1}$．故に $\bar{\pi},\xi$ に関する $\mathrm{mod}\,V(\bar{L}/\bar{K})$ の合同式の両辺に $N=N_{\bar{L}/\bar{L}'}$ を施せば

$$\bar{\pi}'^{\sigma-1}\equiv\xi'^{\phi'-1}\mod V(\bar{L}'/\bar{K})$$

が得られる．$\xi'=N(\xi)^\omega$ は勿論 $U(\bar{L}')$ の元であるが

$$N_{\bar{L}'/\bar{K}}(\xi')=N_{\bar{L}'/\bar{K}}(N(\xi))^\omega=N_{\bar{L}/\bar{K}}(\xi)^\omega=v^\omega.$$

この最後の元を v' と書けば，$\mathrm{Gal}(k_0/k'_0)$ は $\phi'|k_0$ により生成される位数 m の巡回群であるから

$$v'=v^\omega=N_{k_0/k'_0}(v),\qquad N_{k'_0/k}(v')=N_{k_0/k}(v)=u$$

となる．即ち $N_{\bar{L}'/\bar{K}}(\xi')=v'\in U(k'_0)$, $N_{k'_0/k}(v')=u$．故に定理1により補題の図式の下段の同型において

$$u\mod NU(E'/k)\longmapsto\sigma|k_{ab}\cap L'.$$

これは図式が可換であることを示すものである．

補題4　k 上の任意の有限次ガロア拡大体 E に対し

$$NU(E/k) = NU(k_{ab} \cap E/k) = NU(k_{ab} \cap E_{ur}/k).$$

また F を同じく k 上の有限次ガロア拡大体とする時

$$k_{ab} \cap E_{ur} = k_{ab} \cap F_{ur}$$

であれば

$$\delta_{E/k} = \delta_{F/k}.$$

証明　$k_{ur} \subseteq k_{ab} \cap E_{ur} \subseteq E_{ur} = k_{ur}E$, $\mathrm{Gal}(E_{ur}/k_{ur}) \simeq \mathrm{Gal}(E/k_0)$ であるから

$$E' = (k_{ab} \cap E_{ur}) \cap E = k_{ab} \cap E$$

とおけば

$$E'_{ur} = k_{ur}E' = k_{ab} \cap E_{ur}$$

となるが，一方 $k_{ab} \cap E'_{ur} = E'_{ur}$ であるから同型 $\delta_{E/k}$, $\delta_{E'/k}$ の像は共に $\mathrm{Gal}(E'_{ur}/K)$ である．よって $\delta_{E/k}, \delta_{E'/k}$ より有限群の同型

$$U(k)/NU(E/k) \simeq U(k)/NU(E'/k)$$

が得られる．しかるに $k \subseteq E' \subseteq E$ より $NU(E/k) \subseteq NU(E'/k)$ であるから

$$NU(E/k) = NU(E'/k) = NU(k_{ab} \cap E/k).$$

また§4.3，補題5により

$$NU(k_{ab} \cap E_{ur}/k) = NU(E'_{ur}/k) = NU(E'/k) = NU(E/k).$$

次に F/k が $k_{ab} \cap E_{ur} = k_{ab} \cap F_{ur}$ を満足すれば，上に証明された結果により $NU(E/k) = NU(F/k)$ となるから，同型 $\delta_{E/k}$, $\delta_{F/k}$ の両辺は同一の群である．しかも $E^* = EF$ として補題3を $k \subseteq E \subseteq E^*$ 及び $k \subseteq F \subseteq E^*$ に適用すれば $\delta_{E/k}$, $\delta_{F/k}$ は共に $\delta_{E^*/k}$ から誘導された写像であることがわかる．故に $\delta_{E/k} = \delta_{F/k}$.

次に E/k の任意の中間体を k' とすれば，k'/k は必ずしもガロア拡大ではないが，E/k' は有限次ガロア拡大であるから定理1により

$$\delta_{E/k'} : U(k')/NU(E/k') \xrightarrow{\sim} \mathrm{Gal}(k'_{ab} \cap E_{ur}/k'_{ur}).$$

明らかに $N_{k'/k}$ は

$$U(k')/NU(E/k') \longrightarrow U(k)/NU(E/k)$$

を定義し，また $k \subseteq k'$ より

$$k_{ab} \subseteq k'_{ab}, \qquad k_{ur} \subseteq k'_{ur}$$

が得られるから，制限写像は自然な準同型

$$\mathrm{Gal}(k'_{ab} \cap E_{ur}/k'_{ur}) \longrightarrow \mathrm{Gal}(k_{ab} \cap E_{ur}/k_{ur})$$

を定義する．

補題 5 図式

$$\begin{array}{ccc} U(k')/NU(E/k') & \xrightarrow{\simeq} & \mathrm{Gal}(k'_{ab} \cap E_{ur}/k'_{ur}) \\ \downarrow & & \downarrow \\ U(k)/NU(E/k) & \xrightarrow{\simeq} & \mathrm{Gal}(k_{ab} \cap E_{ur}/k_{ur}) \end{array}$$

は可換である．

証明 $k''=k' \cap K$, $M=k'K=k'_{ur}$, $k'_0=E \cap M$ とする．$U(k')$ の元 u' に対し

$$u' = N_{k'_0/k'}(v'), \qquad v' = N_{\bar{L}/\bar{M}}(\xi), \qquad \bar{\pi}^{\sigma-1} \equiv \xi^{\varphi-1} \mod V(\bar{L}/\bar{M}),$$

$$v' \in U(k'_0), \qquad \xi \in \bar{L}, \qquad \sigma \in \mathrm{Gal}(L/M)$$

とすれば，定理 1 により補題の図式の上段の同型において

$$u' \mod NU(E/k') \longmapsto \sigma \,|\, k'_{ab} \cap L$$

となる．

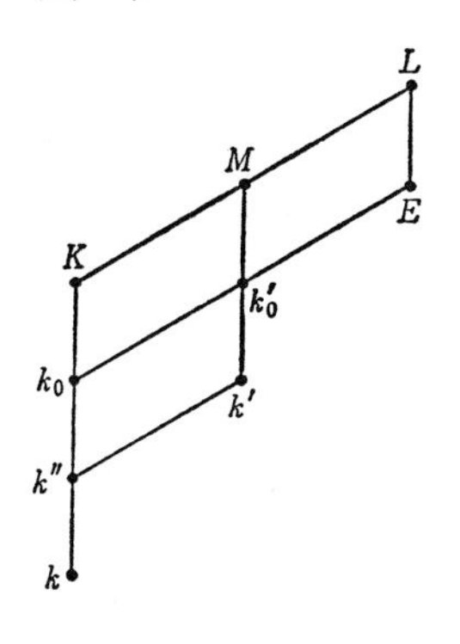

$$u = N_{k'/k}(u'), \qquad v = N_{k'_0/k_0}(v')$$

とおけば

$$u = N_{k'_0/k}(v') = N_{k_0/k}(v),$$

$$v = N_{\bar{M}/\bar{K}}(v') = N_{\bar{L}/\bar{K}}(\xi).$$

また定義により $V(\bar{L}/\bar{M}) \subseteq V(\bar{L}/\bar{K})$ となるから

$$\bar{\pi}^{\sigma-1} \equiv \xi^{\varphi-1} \mod V(\bar{L}/\bar{K}).$$

故に定理 1 により補題の図式の下段の同型において

$$u \mod NU(E/k) \longmapsto \sigma \,|\, k_{ab} \cap L.$$

よって図式は可換である．

次の補題を述べるためには群論的な準備が多少必要であって，まずはじめにそれを簡単に説明しておく．一般に G を任意の群，H を G の有限指数の部分

群とし，$G'=[G,G]$，$H'=[H,H]$ をそれぞれ G,H の交換子群とする．また $\{\sigma_1,\cdots,\sigma_n\}$ を G の H に関する左剰余類の一組の代表系とする．即ち

$$G=\bigcup_{i=1}^{n}H\sigma_i,\qquad n=[G:H].$$

G の元 σ を定める時

$$H\sigma_i\longmapsto H\sigma_i\sigma,\qquad i=1,2,\cdots,n$$

は剰余類の集合 $\{H\sigma_i\}_{1\leq i\leq n}$ の全単射を定義するから，各 i に対して

$$\sigma_i\sigma=h_i\sigma_{i'}$$

を満足する H の元 h_i と添数 i', $1\leq i'\leq n$, とが一意的に定まる．h_i は σ の函数であるから $h_i(\sigma)$ と書くこととし，$H^{ab}=H/H'$ の元 $t_{G/H}(\sigma)$ を

$$t_{G/H}(\sigma)=\prod_{i=1}^{n}h_i(\sigma)H'$$

により定義すれば，$t_{G/H}(\sigma)$ は代表系 $\{\sigma_1,\cdots,\sigma_n\}$ の選び方に関係なく σ だけによって定まり，しかも $\sigma\mapsto t_{G/H}(\sigma)$ は準同型

$$t_{G/H}:G\longrightarrow H^{ab}$$

を与えることが証明される[3]．H^{ab} はアーベル群であるから上の $t_{G/H}$ は $G^{ab}=G/G'$ から $H^{ab}=H/H'$ への準同型をひきおこすが，簡単のためにこの誘導された準同型もまた $t_{G/H}$ と書くことにする：

$$t_{G/H}:G^{ab}\longrightarrow H^{ab}.$$

$t_{G/H}$ を G から部分群 H への，乃至 G^{ab} から H^{ab} への移送(transfer)と呼ぶ．U が H の有限指数の部分群であれば上述のように

$$t_{G/U}:G^{ab}\longrightarrow U^{ab}\quad;\quad t_{H/U}:H^{ab}\longrightarrow U^{ab}$$

が定義され，しかも

$$t_{G/U}=t_{H/U}\circ t_{G/H}\tag{6}$$

が成立する．また N が G の不変部分群であれば，$t_{G/H}=t_{HN/H}\circ t_{G/HN}$ を用いて，$t_{G/H}:G^{ab}\to H^{ab}$ が NG'/G' を $(H\cap N)H'/H'$ の中に写像することも容易に

3) この結果及び直ぐ次に述べる $t_{G/H}$ の性質はいずれも直接定義から比較的簡単に導かれるが，なお詳細は群論の教科書，例えば M. Hall, The theory of groups, Chap. 14, §2 参照.

知られる:

$$NG'/G' \longrightarrow (H\cap N)H'/H'.$$

注意　群 G が有理整数の加群 $\boldsymbol{Z}$ に自明 (trivial) に作用する時，$G^{ab}=H_1(G,\boldsymbol{Z})$ となり，移送 $t_{G/H}: G^{ab}\to H^{ab}$ はホモロジー群の制限写像

$$H_1(G,\boldsymbol{Z}) \longrightarrow H_1(H,\boldsymbol{Z})$$

に他ならぬことが知られている[4]．

以下の応用においては G がコムパクト群，特に射影有限群，であって H が G の開部分群である場合を考える．この場合には $G'=[G,G]$，$H'=[H,H]$ によりそれぞれ G,H の位相的交換子群，即ち代数的に定義された交換子群の G における閉包，を表わすことにすれば，上と全く同様にしてコムパクト群としての移送 $t_{G/H}: G\to H^{ab}$ 乃至 $t_{G/H}: G^{ab}\to H^{ab}$ が定義され，$t_{G/H}$ は連続な準同型となる．

再び局所体 k に戻り，その代数的閉包 Ω に含まれる k 上の最大分離拡大体を Ω_s とする．Ω_s/k はガロア拡大であるから Ω_s は即ち k 上の最大ガロア拡大体である．k の任意の有限次分離拡大体を k' とし，$n=[k':k]$ とすれば

$$k\subseteq k'\subseteq \Omega_s$$

であるから

$$G=\mathrm{Gal}(\Omega_s/k),\qquad H=\mathrm{Gal}(\Omega_s/k')$$

とおけば H は G の有限指数の閉部分群，即ち開部分群，となる:

$$H\subseteq G,\qquad [G:H]=[k':k]=n.$$

位相的交換子群 $G'=[G,G]$，$H'=[H,H]$ 及び $G^{ab}=G/G'$，$H^{ab}=H/H'$ の定義により

$$G^{ab}=\mathrm{Gal}(k_{ab}/k),\qquad H^{ab}=\mathrm{Gal}(k'_{ab}/k')$$

---

4)　Serre [11], Chap. VII, §8 参照．上記の移送の性質，例えば(6)，はこの結果を用いれば自明である．

となるから，上述の移送 $t_{G/H}$ は $\mathrm{Gal}(k_{ab}/k)$ から $\mathrm{Gal}(k'_{ab}/k')$ への準同型を定義する．以下この準同型を $t_{k'/k}$ と書き k から k' への**ガロア群の移送**と呼ぶ:

$$t_{k'/k}:\mathrm{Gal}(k_{ab}/k)\longrightarrow \mathrm{Gal}(k'_{ab}/k').$$

$\mathrm{Gal}(k_{ab}/k)$ の元 σ が与えられた時，$t_{k'/k}(\sigma)$ は次のように計算される．即ちまず σ を Ω_s の k 上の自己同型に(任意に)拡張し，かくして得られた $G=\mathrm{Gal}(\Omega_s/k)$ の元を再び σ と記す．次に G の H に関する左剰余類の代表系を $\{\sigma_1,\cdots,\sigma_n\}$ とし，$h_i(\sigma)$, $1\leq i\leq n$, を上に述べたように定義して

$$h(\sigma)=\prod_{i=1}^{n}h_i(\sigma)$$

とおけば，$t_{k'/k}(\sigma)=h(\sigma)H'$, 即ち

$$t_{k'/k}(\sigma)=h(\sigma)|k'_{ab}.$$

k' の任意の有限次分離拡大体を k'' とすれば

$$t_{k''/k'}:\mathrm{Gal}(k'_{ab}/k')\longrightarrow \mathrm{Gal}(k''_{ab}/k''),$$
$$t_{k''/k}:\mathrm{Gal}(k_{ab}/k)\longrightarrow \mathrm{Gal}(k''_{ab}/k'')$$

が定義されるが，(6)より直ちに

$$t_{k''/k}=t_{k''/k'}\circ t_{k'/k}$$

が得られる．

補題6　有限次分離拡大 k'/k に対して定義された移送 $t_{k'/k}:\mathrm{Gal}(k_{ab}/k)\rightarrow \mathrm{Gal}(k'_{ab}/k')$ は部分群の間の準同型

$$\mathrm{Gal}(k_{ab}/k_{ur})\longrightarrow \mathrm{Gal}(k'_{ab}/k'_{ur})$$

をひきおこす．k' を含む k 上の有限次ガロア拡大体を E とすれば，$t_{k'/k}$ はまた

$$\mathrm{Gal}(k_{ab}\cap E_{ur}/k_{ur})\longrightarrow \mathrm{Gal}(k'_{ab}\cap E_{ur}/k'_{ur})$$

をひきおこす．

証明　$T=\mathrm{Gal}(\Omega_s/k_{ur})$, $N=\mathrm{Gal}(\Omega_s/E)$ とすれば T,N は共に $G=\mathrm{Gal}(\Omega_s/k)$ の閉不変部分群であるから，先の注意により $t_{k'/k}=t_{G/H}$ は

$$TG'/G'\longrightarrow (T\cap H)H'/H',$$
$$(T\cap N)G'/G'\longrightarrow (T\cap N\cap H)H'/H',$$

従って

$$TG'/(T\cap N)G' \longrightarrow (T\cap H)H'/(T\cap N\cap H)H'$$

をひきおこす．しかるに $H'\subseteq G'\subseteq T\subseteq G$, $N\subseteq H$ より

$$TG' = T, \quad (T\cap H)H' = T\cap H, \quad (T\cap N\cap H)H' = (T\cap N)H'.$$

$k'_{ur}=k'k_{ur}$, $E_{ur}=Ek_{ur}$, $T\cap H=\mathrm{Gal}(\Omega_s/k'_{ur})$, $T\cap N=\mathrm{Gal}(\Omega_s/E_{ur})$ に注意すれば上の写像は即ち補題に述べたガロア群の間の準同型を与えることがわかる．

上述のように k'/k を有限次分離拡大とし，k' を含む k 上の有限次ガロア拡大体を E とする．$U(k)\subseteq U(k')$ から生ずる自然な単射 $U(k)\to U(k')$ が $NU(E/k)$ を $NU(E/k')$ の中に写像することは容易にわかるから，準同型

$$U(k)/NU(E/k) \longrightarrow U(k')/NU(E/k')$$

が定義される．

補題 7 図式

$$\begin{array}{ccc} U(k)/NU(E/k) & \xrightarrow{\sim} & \mathrm{Gal}(k_{ab}\cap E_{ur}/k_{ur}) \\ \downarrow & & \downarrow \\ U(k')/NU(E/k') & \xrightarrow{\sim} & \mathrm{Gal}(k'_{ab}\cap E_{ur}/k'_{ur}) \end{array}$$

は可換である．但しここに右辺の縦写像は移送 $t_{k'/k}$ より導かれた補題 6 の準同型であって，二つの横写像はそれぞれ $\delta_{E/k}$, $\delta_{E/k'}$ とする．

証明 補題 5 の証明における如く $k''=k'\cap K$, $M=k'K=k'_{ur}$, $k'_0=E\cap M$ とする．$U(k)$ の任意の元 u に対し

$$u = N_{k_0/k}(v), \quad v = N_{\bar{L}/\bar{K}}(\xi), \quad \bar{\pi}^{\sigma-1} \equiv \xi^{\phi-1} \mod V(\bar{L}/\bar{K})$$

$$v\in U(k_0), \quad \xi\in U(\bar{L}), \quad \sigma\in\mathrm{Gal}(L/K)$$

とすれば，定理 1 により補題の上段の横写像において

$$u \mod NU(E/k) \longmapsto \sigma\,|\,k_{ab}\cap E_{ur}.$$

K/k の Frobenius 自己同型 φ の $G=\mathrm{Gal}(\Omega_s/k)$ における任意の拡張を再び φ と書くこととし

$$v' = v^{\omega}, \quad \omega = 1+\varphi+\cdots+\varphi^{l-1}, \quad l = [k'':k]$$

とおけば(補題5の証明中の図式参照)

$$N_{k'_0/k'}(v') = N_{k_0/k''}(v') = N_{k_0/k}(v) = u.$$

また Gal(L/K) が Gal(L/k) の不変部分群であることに注意すれば $v=N_{\bar{L}/\bar{K}}(\xi)$ より

$$v' = N_{\bar{L}/\bar{K}}(\xi^{\omega}).$$

しかるに $k'\cap K=k''$, $k'K=M$ であるから Gal(Ω_s/K) の Gal(Ω_s/M) に関する左剰余類の代表系 $\{\tau_1, \cdots, \tau_m\}$, $m=[M:K]=[k':k'']$, は同時にまた Gal(Ω_s/k'') の Gal(Ω_s/k') に関する左剰余類の代表系となる. よって

$$\{\sigma_1, \cdots, \sigma_n\} = \{\tau_a\varphi^b \mid 1\leq a\leq m,\ 0\leq b\leq l-1\}$$

は $G=$Gal(Ω_s/k) の $H=$Gal(Ω_s/k') に関する左剰余類の代表系を与え, 従って

$$v' = N_{\bar{L}/\bar{M}}\left(\prod_{a=1}^{m}\tau_a(\xi^{\omega})\right) = N_{\bar{L}/\bar{M}}\left(\prod_{i=1}^{n}\sigma_i(\xi)\right),$$

即ち

$$v' = N_{\bar{L}/\bar{M}}(\xi'), \qquad \xi' = \prod_{i=1}^{n}\sigma_i(\xi) \in U(\bar{L})$$

が得られる. 一方

$$\bar{\pi}^{\sigma-1} = \xi^{\varphi-1}\eta, \qquad \eta \in V(\bar{L}/\bar{K})$$

とおけば, 補題2の証明中に述べたように L/E の Frobenius 自己同型 φ は Gal(L/k) の中心に含まれるから ξ' の定義より

$$\prod_{i=1}^{n}\sigma_i(\bar{\pi}^{\sigma-1}) = \xi'^{\varphi-1}\prod_{i=1}^{n}\sigma_i(\eta) \tag{7}$$

となる. 一般に Gal(L/K) の元 τ の Gal(Ω_s/K) における拡張をまた τ と書くこととし, 前述のように

$$\sigma_i\tau = h_i(\tau)\sigma_{i'}$$

とおけば $\bar{L}$ の任意の元 $\alpha\neq 0$ に対し

$$\prod_{i=1}^{n}\sigma_i(\alpha^{\tau-1}) = \prod_{i=1}^{n}\sigma_i\tau(\alpha)\prod_{i=1}^{n}\sigma_{i'}(\alpha)^{-1} = \prod_{i=1}^{n}\sigma_{i'}(\alpha)^{h_i(\tau)-1}.$$

しかるに Gal(Ω_s/K) は Gal(Ω_s/k) の不変部分群であるから, $\sigma_i=\tau_a\varphi^b$ とする時

$$\begin{aligned}\sigma_i\tau &= \tau_a\varphi^b\tau = \tau_a\tau'\varphi^b, \qquad \tau' = \varphi^b\tau\varphi^{-b} \in \mathrm{Gal}(\Omega_s/K),\\ &= \tau''\tau_{a'}\varphi^b, \qquad\qquad\quad \tau'' \in \mathrm{Gal}(\Omega_s/M).\end{aligned}$$

即ち $\sigma_{i'}=\tau_{a'}\varphi^b$ であり，かつ $h_i(\tau)=\tau''$ は $\mathrm{Gal}(\Omega_s/M)$ に含まれ，従って $h_i(\tau)|L$ は $\mathrm{Gal}(L/M)$ の元である．故に α が特に $U(\bar{L})$ に属せば上式より $\prod_{i=1}^{n}\sigma_i(\alpha^{\tau-1})$ は $V(\bar{L}/\bar{M})$ に含まれることがわかる．上の $\eta\in V(\bar{L}/\bar{K})$ はこのような $\alpha^{\tau-1}$ の積であるから，従って

$$\prod_{i=1}^{n}\sigma_i(\eta)\in V(\bar{L}/\bar{M}).$$

次に上の一般的注意を $\tau=\sigma$, $\alpha=\bar{\pi}$ に適用すれば，§2.2，補題4を用いて

$$\prod_{i=1}^{n}\sigma_i(\bar{\pi}^{\sigma-1})=\prod_{i=1}^{n}\sigma_{i'}(\bar{\pi})^{h_i(\sigma)-1}\equiv\bar{\pi}^{h(\sigma)-1}\mod V(\bar{L}/\bar{M})$$

が得られる．但しここに $h(\sigma)=\prod_{i=1}^{n}h_i(\sigma)$. よって(7)より

$$\bar{\pi}^{h(\sigma)-1}\equiv\xi'^{\phi-1}\mod V(\bar{L}/\bar{M}).$$

$u=N_{k'_0/k'}(v')$, $v'=N_{\bar{L}/\bar{M}}(\xi')$ であったから，定理1により補題の下段の同型において

$$u\mod NU(E/k')\longmapsto h(\sigma)|k'_{ab}\cap E_{ur}$$

となるが，$h(\sigma)|k'_{ab}=t_{k'/k}(\sigma)$ であるからこれで補題の証明は完了した．

§5.3　位相同型 δ_k

引続き $K=k_{ur}$ とし，次の条件

(8)　　$k\subseteq K\subseteq M\subseteq k_{ab}$,　　$[M:K]<+\infty$

を満足する k_{ab}/k の中間体 M を考察する．任意の有限次ガロア拡大 E/k に対し

$$M_E=k_{ab}\cap E_{ur}$$

とおけば M_E は明らかに条件(8)を満たすが，一方(8)を満足する任意の M が与えられた時

$$M=M_E$$

となる有限次ガロア拡大 E/k が必ず存在する．実際§4.3，補題7により M/k の補助体を $E(=k')$ とすれば，E/k は有限次アーベル拡大であって $M=E_{ur}$ と

なるから $M_E=k_{ab}\cap E_{ur}=M$. 勿論上のような E が与えられた M に対して一意的に定まるわけではないが, $M=M_E=M_F$ とすれば補題4により $\delta_{E/k}=\delta_{F/k}$ となり同型 $\delta_{E/k}$ は M にのみ依存することがわかる. よって今後 $M=M_E$ を満足する E に対する $\delta_{E/k}$ を $\delta_{M/k}$ と書くことにする. 補題4により $NU(E/k)=NU(M_E/k)$ であるから

$$\delta_{M/k}: U(k)/NU(M/k) \xrightarrow{\sim} \mathrm{Gal}(M/K).$$

次に $K\subseteq M'\subseteq M$ とすれば M' もまた(8)を満足するから

$$\delta_{M'/k}: U(k)/NU(M'/k) \xrightarrow{\sim} \mathrm{Gal}(M'/K)$$

が定義されるが, 補題3(及び上の注意)により

$$\begin{array}{ccc} U(k)/NU(M/k) & \xrightarrow{\sim} & \mathrm{Gal}(M/K) \\ \downarrow & & \downarrow \\ U(k)/NU(M'/k) & \xrightarrow{\sim} & \mathrm{Gal}(M'/K) \end{array} \tag{9}$$

は可換図式である. この図式の縦写像の核はそれぞれ $NU(M'/k)/NU(M/k)$, $\mathrm{Gal}(M/M')$ であるから, $\delta_{M/k}$ は部分群の間の同型

$$NU(M'/k)/NU(M/k) \xrightarrow{\sim} \mathrm{Gal}(M/M')$$

をひきおこす. これを用いて単数ノルム群に関する次の結果が証明される:

補題8　k 上の有限次アーベル拡大体を k' とすれば

$$U(k)/NU(k'/k) \simeq \mathrm{Gal}(k'/k'\cap k_{ur}),$$

$$[U(k):NU(k'/k)] = [k':k'\cap k_{ur}].$$

また k' が k'/k の中間体 $k_1, \cdots, k_n$ の合成体であれば

$$NU(k'/k) = \bigcap_{i=1}^{n} NU(k_i/k).$$

証明　$M=k'K$ とおけば M は前述の条件(8)を満足し, かつ $\mathrm{Gal}(M/K)\simeq\mathrm{Gal}(k'/k'\cap K)$. よって $\delta_{M/k}$ により $U(k)/NU(M/k)\simeq\mathrm{Gal}(k'/k'\cap K)$ となるが, 補題4により $NU(M/k)=NU(k'/k)$ であるから補題の前半は証明された.

次に $M_i=k_iK$ とすれば M は M/K の中間体 M_i, $i=1,\cdots,n$, の合成体である. 故に $\mathrm{Gal}(M/M_i)$, $i=1,\cdots,n$, の共通集合は単位元1となる. 上の注意に

より同型 $\delta_{M/k}$ は $NU(k_i/k)/NU(k'/k)$ を $\mathrm{Gal}(M/M_i)$ の上に写像するから補題の後半も得られる.

注意　この補題の前半の等式は既に定理1の後に等式(5)として多少違った方法により証明されている.

さて k 上の最大アーベル拡大体 k_{ab} は明らかに(8)を満足するすべての中間体 M の和集合である. よって§4.1 の一般的注意により

$$\mathrm{Gal}(k_{ab}/K)=\varprojlim \mathrm{Gal}(M/K).$$

但し右辺の M に関する射影的極限は $K\subseteq M'\subseteq M$ の時に与えられる自然な準同型 $\mathrm{Gal}(M/K)\to\mathrm{Gal}(M'/K)$ について定義されるものとする. 一方一般の単数ノルム群の定義により

$$\bigcap_M NU(M/k)=NU(k_{ab}/k)$$

となるから, 同じく M に関する射影的極限をとる時

$$U(k)/NU(k_{ab}/k)=\varprojlim U(k)/NU(M/k).$$

故に可換図式(9)を用いれば, すべての M に対し定義された有限群の同型 $\delta_{M/k}$ は射影有限群としての, 従ってコムパクト群としての, 同型

$$\delta_k:U(k)/NU(k_{ab}/k)\xrightarrow{\sim}\mathrm{Gal}(k_{ab}/k_{ur})$$

を定義することが知られる. k_{ab} はまたすべての有限次ガロア拡大 E/k に対し定義された $M_E=k_{ab}\cap E_{ur}$ の和集合でもあるから, 同様に E に関する射影的極限をとって

$$\mathrm{Gal}(k_{ab}/K)=\varprojlim \mathrm{Gal}(M_E/K).$$

また明らかに

$$\bigcap_E NU(E/k)=NU(\Omega_s/k)$$

より

$$U(k)/NU(\Omega_s/k)=\varprojlim U(k)/NU(E/k).$$

従って補題3により, すべての E/k に対し定義された $\delta_{E/k}$ は同型

$$U(k)/NU(\Omega_s/k) \xrightarrow{\sim} \mathrm{Gal}(k_{ab}/k_{ur})$$

を与えるが，$M=M_E$ の時 $\delta_{M/k}=\delta_{E/k}$ であるからこの同型は上に定義された δ_k と一致する．よって特に

$$NU(k_{ab}/k) = NU(\Omega_s/k)$$

が得られる．(これは直接に補題4からも明らかである.) 次に上の単数ノルム群が単位元1であること，即ち δ_k が同型写像であることを数段に分けて証明する．

以下局所体 k に関して第3章に述べた記号と結果を用いる．即ち k の剰余体 $\mathfrak{k}=\mathfrak{o}/\mathfrak{p}$ の元の数を q とし，$U=U_0=U(k)$, $U_n=1+\mathfrak{p}^n$, $n\geq 1$, とおけば，まず§3.1，定理3により U は位数 $q-1$ の巡回群 V を含み

$$U = V\times U_1.$$

よって k は1の原始 $(q-1)$ 乗根を含み，k の素元 π の $(q-1)$ 乗根を π' とし

$$k' = k(\pi'), \qquad \pi'^{q-1} = \pi$$

とおけば，k'/k は巡回拡大でその次数 $n=[k':k]$ は $q-1$ を超えない：$n\leq q-1$. k, k' の正規付値をそれぞれ ν, ν' とし，$e=e(k'/k)$, $f=f(k'/k)$ とすれば§1.3により $\nu'|k=e\nu$ であるから§1.3，定理3を用いて

$$ef = n \leq q-1 \leq (q-1)\nu'(\pi') = \nu'(\pi) = e\nu(\pi) = e.$$

故に $n=q-1=e$, 即ち k'/k は $(q-1)$ 次の完全分岐巡回拡大である．(このことは $X^{q-1}-\pi$ が $k[X]$ における Eisenstein 多項式であることに注意すれば，Eisenstein 多項式の一般論から直ちに知られる.) 従って補題8により

$$[U(k):NU(k'/k)] = q-1$$

となる．よって特に $NU(k'/k)$ は $U=U(k)$ の開部分群であるから，§3.1，定理3により十分大きな $i\geq 1$ に対しては

$$U_i \subseteq NU(k'/k) \subseteq U, \qquad [U:U_i] = (q-1)q^{i-1}.$$

$q-1=[U:U_1]$ と $q^{i-1}=[U_1:U_i]$ とは互いに素であるから，上より

$$NU(k'/k) = U_1,$$

従って

$$NU(\Omega_s/k) = NU(k_{ab}/k) \subseteq U_1$$

が得られる.

補題 9 k が p 局所体であれば

$$NU(\Omega_s/k) \subseteq U^p.$$

証明 まず k の標数が 0 である場合を考える. Ω に含まれる 1 の原始 p 乗根を ζ とし, $k'=k(\zeta)$ とおけば, §3.1, 補題 2 により $k'^{\times}/(k'^{\times})^p$, $U(k')/U(k')^p$ は有限群であり, $U(k')/U(k')^p$ の $(p, p, \cdots, p)$ 型アーベル群としての階数(rank)を m とすれば, $k'^{\times}/(k'^{\times})^p$ は階数 $m+1$ の同様なアーベル群である. k' のすべての元の p 乗根を k' に添加して得られる体を k'' とすれば, k' が ζ を含むから k''/k' は Kummer 拡大であって, $\mathrm{Gal}(k''/k')$ は(標準的ではないが) $k'^{\times}/(k'^{\times})^p$ と同型となる. k'' は k' のすべての p 次巡回拡大体の合成体であるから, §3.2, 定理 4 を用いて $k''\cap k'_{ur}$ は k' 上 p 次の不分岐拡大であり, $\mathrm{Gal}(k''/k''\cap k'_{ur})$ は階数 m の $(p, p, \cdots, p)$ 型アーベル群であることがわかる. よって補題 8 により $U(k')/NU(k''/k')$ も同じく階数 m の $(p, p, \cdots, p)$ 型アーベル群であって, 従って特に $U(k')^p$ は $NU(k''/k')$ に含まれる. しかるに $U(k')/U(k')^p$ の階数は m であるから

$$NU(k''/k') = U(k')^p.$$

この等式の両辺に $N_{k'/k}$ を施せば $k\subseteq k''\subseteq \Omega_s$ であるから

$$NU(\Omega_s/k) \subseteq NU(k''/k) = NU(k'/k)^p \subseteq U(k)^p = U^p$$

が得られる.

次に k の標数を p とし, §3.3, 補題 6 及び直ぐその前に説明した結果を用いる. k の加法群 k^+ の自己準同型 $\wp: k^+\to k^+$, 及び k^+ の部分群 A_n, B_n, $n\geq 0$, をそこで述べたように定義する. また一般に k の任意の元 x に対して, $\wp(\alpha)=\alpha^p-\alpha=x$ を満足する Ω の元 α を k に添加して得られる拡大体 $k(\alpha)$ を k_x と書くことにする. $[A_n:B_n]<+\infty$ であったから, $n\geq 1$ を固定してすべての $x\in A_n$ に対する k_x の合成体を k' とすれば, Artin–Schreier の理論により k'/k はアーベル拡大であり $\mathrm{Gal}(k'/k)$ は A_n/B_n と同型であって

$$[k':k]=[A_n:B_n]=pq^{n-m}, \qquad m=\left[\frac{n}{p}\right]$$

となる．$x\in \boldsymbol{F}$, $x\notin \wp(\boldsymbol{F})$, であれば k_x/k は p 次の不分岐拡大となるが，上の同型により $\mathrm{Gal}(k'/k)$ は $(p,p,\cdots,p)$ 型のアーベル群であるから $[k'\cap k_{ur}:k]=p$ であって，従って $\mathrm{Gal}(k'/k'\cap k_{ur})$ は位数 q^{n-m} の $(p,p,\cdots,p)$ 型アーベル群である．故に補題8により

$$U^p\subseteq NU(k'/k)\subseteq U, \qquad [U:NU(k'/k)]=q^{n-m}.$$

一方上述の§3.3，補題6によりすべての $x\in A_n$ に対し

$$U_{n+1}\subseteq NU(k_x/k).$$

従って補題8により $U_{n+1}\subseteq NU(k'/k)$ となり，上の包含関係と併せて

$$U^pU_{n+1}\subseteq NU(k'/k)\subseteq U$$

を得る．しかるに§3.3に述べたように

$$[U:U^pU_{n+1}]=q^{n-m}$$

であるから上より

$$NU(k'/k)=U^pU_{n+1}, \qquad n\geq 1$$

が得られる．よって

$$NU(\Omega_s/k)=NU(k_{ab}/k)\subseteq \bigcap_{n\geq 1} U^pU_n.$$

§3.1，定理3により $\{U_n\}_{n\geq 1}$ は $k^\times$ における単位元1の基本近傍系を成すから上式右辺の共通集合は U^p の $k^\times$ における閉包であるが，写像 $x\mapsto x^p$ による U の連続像 U^p は U と同様にコムパクト群であるから，

$$U^p=\bigcap_{n\geq 1} U^pU_n.$$

故にこの場合にも $NU(\Omega_s/k)$ は U^p に含まれ，従って補題は証明された．

定理2　　$N(k_{ab}/k)=NU(k_{ab}/k)=1.$

証明　上述のように k を p 局所体とすれば，k の任意の有限次分離拡大体 k' に対し前補題により

$$NU(\Omega_s/k')\subseteq U(k')^p.$$

この両辺に $N_{k'/k}$ を施せば§4.1，補題2により

$$NU(\Omega_s/k) \subseteq NU(k'/k)^p.$$

よって§4.1，補題1を用いて$NU(\Omega_s/k)\subseteq NU(\Omega_s/k)^p$，即ち

$$NU(\Omega_s/k) = NU(\Omega_s/k)^p$$

が得られる．従って勿論すべての$m\geq 1$に対し

$$NU(\Omega_s/k) = NU(\Omega_s/k)^{p^m}.$$

さて先に証明したように$NU(\Omega_s/k)\subseteq U_1$であるが，$[U_1 : U_n]=q^{n-1}$は$p$の巾であるから上より

$$NU(\Omega_s/k) \subseteq U_n$$

がすべての$n\geq 1$に対し成立し，従って

$$NU(k_{ab}/k) = NU(\Omega_s/k) = 1$$

となる．更に，§4.2，補題3により

$$N(k_{ab}/k) \subseteq N(k_{ur}/k) = U(k)$$

であるから§4.1の一般的注意を用いて

$$N(k_{ab}/k) = N(k_{ab}/k) \cap U(k) = NU(k_{ab}/k) = 1.$$

先に説明したように上の定理2から次の結果が得られる：

定理3 すべての有限次ガロア拡大E/kに対して定理1により定義された同型$\delta_{E/k}$，乃至条件(8)を満たすすべての体Mに対して定義された同型$\delta_{M/k}$，はその極限として射影有限群の間の位相同型

$$\delta_k : U(k) \xrightarrow{\sim} \mathrm{Gal}(k_{ab}/k_{ur})$$

を定義する．

次にδ_kが如何にkに依存するかについて二つの結果を述べる．いずれも前節の補題から容易に導かれるものである．

定理4 kの任意の有限次分離拡大体をk'とする時，図式

$$\begin{array}{ccc} U(k') & \xrightarrow{\sim} & \mathrm{Gal}(k'_{ab}/k'_{ur}) \\ \downarrow & & \downarrow \\ U(k) & \xrightarrow{\sim} & \mathrm{Gal}(k_{ab}/k_{ur}) \end{array}$$

は可換である．但しここに左辺の縦写像はノルム写像 $N_{k'/k}$，右辺のそれは $\sigma\mapsto\sigma|k_{ab}$ により定義されるガロア群の自然な準同型であって，また横写像は勿論 $\delta_{k'}$ 及び δ_k である．

証明 $k\subseteq k'\subseteq\Omega_s$ であって，かつ Ω_s は k' を含む k 上の有限次分離拡大体 E の和集合である．よって $\delta_{k'},\delta_k$ はそれぞれこのような E に対する $\delta_{E/k'},\delta_{E/k}$ の極限となる．故に定理は補題5から直ちに得られる．

注意 この定理は任意の，必ずしも分離的でない，有限次拡大 k'/k に対しても成立する．また後に必要とするのはこの定理において k'/k が不分岐拡大である場合だけである．§6.2，定理3及びその証明参照．

定理5 k の任意の有限次分離拡大体を k' とする時，図式

$$\begin{array}{ccc} U(k) & \xrightarrow{\sim} & \mathrm{Gal}(k_{ab}/k_{ur}) \\ \downarrow & & \downarrow \\ U(k') & \xrightarrow{\sim} & \mathrm{Gal}(k'_{ab}/k'_{ur}) \end{array}$$

は可換である．但しここに左辺の縦写像は $U(k)$ から $U(k')$ への自然な単射，右辺のそれは前節に定義した移送 $t_{k'/k}$ であって，また横写像は $\delta_k,\delta_{k'}$ である．

証明 前定理の証明におけると同様にして補題7から直ちにこの定理が得られる．

系 k'/k を任意の有限次分離拡大とする時

$$t_{k'/k}:\mathrm{Gal}(k_{ab}/k)\longrightarrow\mathrm{Gal}(k'_{ab}/k')$$

は単射である．

証明 $\mathrm{Gal}(k_{ab}/k)$ の元 σ の $\mathrm{Gal}(\Omega_s/k)$ における拡張を同じく σ と書くこととし，前節における如く

$$\sigma_i\sigma = h_i(\sigma)\sigma_{i'}, \qquad h(\sigma) = \prod_{i=1}^{n} h_i(\sigma), \qquad n = [k':k],$$

$$t_{k'/k}(\sigma) = h(\sigma)\,|\,k'_{ab}$$

とする. $G'=[G,G]=\mathrm{Gal}(\Omega_s/k_{ab})$ を $G=\mathrm{Gal}(\Omega_s/k)$ の位相的交換子群とする時

$$h(\sigma) = \prod_{i=1}^{n} \sigma_i\sigma\sigma_{i'}^{-1} \equiv \sigma^n \mod G'$$

であるから

$$t_{k'/k}(\sigma)\,|\,k_{ab} = \sigma^n.$$

よって特に $t_{k'/k}(\sigma)=1$ ならば $\sigma^n=1$ でなければならぬ. ところが§4.2, (1)により

$$\tilde{Z} \xrightarrow{\sim} \mathrm{Gal}(k_{ur}/k) = \mathrm{Gal}(k_{ab}/k)/\mathrm{Gal}(k_{ab}/k_{ur})$$

であって, また $\tilde{Z}=\varprojlim Z/mZ$ が単位元以外に有限位数の元を持たないことは容易にわかる. 故に $\sigma^n=1$ ならば σ は $\mathrm{Gal}(k_{ab}/k_{ur})$ に含まれる. しかるに上の定理において $U(k)\to U(k')$ は勿論単射であるから, $t_{k'/k}(\sigma)=1$ ならば $\sigma=1$ となる.

さて先の定理2は, 次章に説明するように, 局所類体論の基本定理の一つである存在定理と本質的に同値である. この定理の証明の要点の一つは補題4を用いて $NU(k_{ab}/k)=1$ を $NU(\Omega_s/k)=1$ に帰着させる所にある. §5.1において我々は任意の有限次ガロア拡大 E/k に対して定理1を証明し, §5.2でそれから補題4を含む一連の補題を導いた. §5.1の終りに説明したように, Hazewinkel [6] は同節の方法によりアーベル拡大 E/k を考察し, それから直ちにいわゆる基本等式を導いているが, 存在定理の証明は全く別な方法, 即ち後述(第7章)の Lubin–Tate の形式群を用いる方法に依っている. §5.2, §5.3に述べたような応用があるので, 本書では Hazewinkel の方法をガロア拡大にまで拡張した形でまず§5.1において紹介したわけである(そのため証明がやや複雑になったけれども).

第6章　基本定理

これまで通り，基礎体である局所体 k 上の最大不分岐拡大体及び最大アーベル拡大体をそれぞれ k_{ur}, k_{ab} とする．前二章においては拡大 k_{ur}/k 及び k_{ab}/k_{ur} の主な性質について述べて来たが，本章ではそれらに基づいてまず k の乗法群 $k^\times$ から k_{ab}/k のガロア群 $\mathrm{Gal}(k_{ab}/k)$ への自然な準同型

$$\rho_k : k^\times \longrightarrow \mathrm{Gal}(k_{ab}/k)$$

が存在することを示し，次いで ρ_k についての重要な定理をいくつか証明する．これらはいずれも局所類体論の核心を成す結果であって，古典的な意味で言う局所類体論の基本的な諸定理，即ち k の有限次アーベル拡大体に関する諸定理，はこの ρ_k に関する結果から容易に導かれるのである．

§6.1　基本写像 ρ_k

例により

$$K = k_{ur}, \qquad \varphi = K/k \text{ の Frobenius 自己同型}$$

とする．φ の $\mathrm{Gal}(k_{ab}/k)$ における任意の拡張を ψ とし

$$F_\psi = \{\alpha \mid \alpha \in k_{ab},\ \psi(\alpha) = \alpha\}$$

とおけば，F_ψ は勿論 k_{ab}/k の中間体であるが，§4.3，補題7により

$$F_\psi \cap K = k, \qquad F_\psi K = k_{ab}.$$

故に§4.2，補題4により $N(F_\psi/k)$ は k の素元 π を含む．

補題1　ψ_1, ψ_2 を φ の $\mathrm{Gal}(k_{ab}/k)$ における拡張とし，π_1, π_2 をそれぞれ

$N(F_{\psi_1}/k)$, $N(F_{\psi_2}/k)$ に含まれる k の素元とすれば, $\pi_2=\pi_1 v$, $v\in U(k)$, とおく時

$$\psi_1{}^{-1}\psi_2 = \delta_k(v)^{-1}.$$

但しここに δ_k: $U(k)\simeq \mathrm{Gal}(k_{ab}/k_{ur})$ は§5.3に定義された位相同型である.

証明 §5.3の条件(8)を満足する任意の体を M とし

$$k_1 = M\cap F_{\psi_1},\quad k_2 = M\cap F_{\psi_2},\quad \varphi_1 = \psi_1|M,\quad \varphi_2 = \psi_2|M$$

とおけば $\varphi_1|K=\varphi_2|K=\varphi$ となるから, §4.3, 補題7により, k_1, k_2 は共に M/k の補助体であって

$$k_1\cap K = k_2\cap K = k,\quad k_1K = k_2K = M,$$
$$\mathrm{Gal}(M/K)\xrightarrow{\sim}\mathrm{Gal}(k_1/k),\ \mathrm{Gal}(k_2/k)$$
$$[k_1:k] = [k_2:k] = [M:K] < +\infty$$

を満足し, かつ φ_1, φ_2 はそれぞれ $M=k_{1,ur}=k_{2,ur}$ の k_1 乃至 k_2 上の Frobenius 自己同型となる. 一方 $\pi_1\in N(F_{\psi_1}/k)$, $\pi_2\in N(F_{\psi_2}/k)$, $k\subseteq k_1\subseteq F_{\psi_1}$, $k\subseteq k_2\subseteq F_{\psi_2}$ であるから

$$\pi_1 = N_{k_1/k}(\pi_1'),\quad \pi_2 = N_{k_2/k}(\pi_2')$$

を満足する k_1, k_2 の元 π_1', π_2' が存在するが, k_1/k, k_2/k は共に完全分岐である故, §1.3, 定理3, 系により π_1', π_2' はそれぞれ k_1, k_2 の素元である. よって π_1', π_2' は同時に $M=k_{1,ur}=k_{2,ur}$ の素元, 従って M の完備化 $\overline{M}$ の素元でもある. 故に $\xi=\pi_2'/\pi_1'$ は $U(\overline{M})$ に属し, $\mathrm{Gal}(\overline{M}/\overline{K})=\mathrm{Gal}(M/K)\simeq\mathrm{Gal}(k_1/k)$, $\mathrm{Gal}(k_2/k)$ より

$$N_{\overline{M}/\overline{K}}(\xi) = N_{k_2/k}(\pi_2')/N_{k_1/k}(\pi_1') = \pi_2/\pi_1 = v.$$

また $\psi_1|k_1=\psi_2|k_2=1$ であるから, $\sigma=\psi_1{}^{-1}\psi_2=\psi_2\psi_1{}^{-1}$ とおく時

$$\xi^{\varphi_2-1} = \xi^{\psi_2-1} = (\pi_2'/\pi_1')^{\psi_2-1} = \pi_1'^{1-\psi_2}$$
$$= \pi_1'/\sigma\psi_1(\pi_1') = \pi_1'^{1-\sigma},\quad \sigma\in\mathrm{Gal}(k_{ab}/K)$$

となる. 即ち

$$v^{-1} = N_{\overline{M}/\overline{K}}(\xi^{-1}),\quad (\xi^{-1})^{\varphi_2-1} = \pi_1'^{\sigma-1}.$$

故に§5.1, 定理1を k の有限次アーベル拡大体 $E=k_2$, $k_0=E\cap K=k$, $L=EK=k_2K=M$, 及び $L/E=M/k_2$ の Frobenius 自己同型 φ_2, $\overline{L}=\overline{M}$ の素元 π_1' に適用すれば, 同型 $\delta_{E/k}=\delta_{M/k}$: $U(k)/NU(M/k)\simeq\mathrm{Gal}(M/K)$ において

$$v^{-1} \bmod NU(M/k) \longmapsto \sigma|M$$

となることがわかる．これが上に述べたようなすべての M に対し成立するから $\delta_{M/k}$ の極限である δ_k に対し

$$\delta_k(v)^{-1} = \delta_k(v^{-1}) = \sigma = \psi_1{}^{-1}\psi_2$$

が得られる．

補題 2　k の任意の素元 π に対し

$$\psi|K = \varphi, \qquad \pi \in N(F_\psi/k)$$

を満足する $\mathrm{Gal}(k_{ab}/k)$ の元 ψ がただ一つ存在する．この ψ を ψ_π を書く時，対応

$$\pi \longmapsto \psi_\pi$$

は k のすべての素元の集合 $\{\pi\}$ から，$\mathrm{Gal}(k_{ab}/k)$ における φ のすべての拡張の集合 $\{\psi\}$ への全単射を定義する．

証明　φ の $\mathrm{Gal}(k_{ab}/k)$ への拡張 ψ_0 と $N(F_{\psi_0}/k)$ に含まれる k の素元 π_0 とを定めれば，k の任意の素元 π と，$\mathrm{Gal}(k_{ab}/k)$ における φ の任意の拡張 ψ とはそれぞれ

$$\pi = \pi_0 u, \qquad \psi = \psi_0\sigma, \qquad u \in U(k), \;\; \sigma \in \mathrm{Gal}(k_{ab}/K)$$

なる形に一意的に表わされる．補題 1 により π が $N(F_\psi/k)$ に含まれるためには $\delta_k(u)^{-1}=\sigma$ となることが必要かつ十分である．よって $\pi \in N(F_\psi/k)$ を満足する $\psi=\psi_\pi$ はただ一つ存在して，しかも

$$\psi_\pi = \psi_0\delta_k(u)^{-1}$$

となる．$\delta_k \colon U(k) \simeq \mathrm{Gal}(k_{ab}/K)$ は同型写像であるから後半は明白．

補題 3　k のすべての素元 π に対し

$$\rho(\pi) = \psi_\pi$$

を満足する準同型

$$\rho : k^\times \longrightarrow \mathrm{Gal}(k_{ab}/k)$$

がただ一つ存在する．

証明　π_0, ψ_0 を上述の通りとする時

$$k^\times = \langle\pi_0\rangle \times U(k), \qquad \langle\pi_0\rangle \simeq \boldsymbol{Z}$$

であるから，$k^\times$ の任意の元 $x=\pi_0{}^n u$, $n\in\boldsymbol{Z}$, $u\in U(k)$, に対して

$$(1) \qquad \rho(x) = \psi_0{}^n \delta_k(u)^{-1}$$

とおけば，$\rho: k^\times \to \mathrm{Gal}(k_{ab}/k)$ は明らかに準同型を定義する．補題2の証明により，$\pi=\pi_0 u$ が k の素元であれば ρ は

$$\rho(\pi) = \psi_0 \delta_k(u)^{-1} = \psi_\pi$$

を満足する．また u を $U(k)$ の任意の元とする時，$\pi=\pi_0 u$ は k の素元であって $u=\pi/\pi_0$ と書けるから $k^\times=\langle\pi_0\rangle\times U(k)$ は k の素元の集合 $\{\pi\}$ により生成されることがわかる．故にすべての素元 π に対し $\rho(\pi)=\psi_\pi$ を満足する準同型はただ一つしかない．

補題3に述べた準同型 ρ は局所体 k に対して一意的に定まるから今後それを ρ_k と記すこととする．ρ_k は k の reciprocity map, norm residue map 或いは Artin map などと呼ばれているが，本書では局所体 k の**基本準同型**乃至単に**基本写像**と呼ぶことにする．

さて§5.3の位相同型 δ_k に対し，同じく位相同型

$$\bar{\delta}_k : U(k) \xrightarrow{\sim} \mathrm{Gal}(k_{ab}/k_{ur})$$

を $\bar{\delta}_k(u)=\delta_k(u)^{-1}$, $u\in U(k)$, により定義し，次の図式を考察する：

$$(2) \qquad \begin{array}{ccccccccc} 1 & \longrightarrow & U(k) & \longrightarrow & k^\times & \xrightarrow{\nu} & \boldsymbol{Z} & \longrightarrow & 1 \\ & & \downarrow{\scriptstyle \bar{\delta}_k} & & \downarrow{\scriptstyle \rho_k} & & \downarrow{\scriptstyle \varepsilon} & & \\ 1 & \longrightarrow & \mathrm{Gal}(k_{ab}/k_{ur}) & \longrightarrow & \mathrm{Gal}(k_{ab}/k) & \longrightarrow & \mathrm{Gal}(k_{ur}/k) & \longrightarrow & 1. \end{array}$$

ここに上辺は k の正規付値 ν により定義される完全系列，下辺は $k\subseteq k_{ur}\subseteq k_{ab}$ から得られるガロア群の自然な完全系列であって，また右辺の縦写像 ε は§4.2に述べた同型 $\boldsymbol{Z}\simeq\langle\varphi\rangle$, $n\mapsto\varphi^n$, から得られる単射である．ρ_k の定義(1)により

$$\rho_k(u) = \bar{\delta}_k(u), \qquad u\in U(k)$$

であるから，(2)の左辺の四辺形は可換であるが，一方 π を k の任意の素元と

し $\rho_k(\pi)=\psi_\pi$ とする時

$$\nu(\pi)=1 \longmapsto \varphi=\psi_\pi|k_{ur}$$

となるから，右辺の四辺形も可換である．即ち(2)は可換図式であることが知られる．

定理1　基本写像

$$\rho_k : k^\times \longrightarrow \mathrm{Gal}(k_{ab}/k)$$

は局所コムパクト群 $k^\times$ からコムパクト群 $\mathrm{Gal}(k_{ab}/k)$ への連続な単射であって，その像は $\mathrm{Gal}(k_{ab}/k)$ の稠密部分群である．またそれはコムパクト部分群の間の位相同型

$$U(k) \xrightarrow{\simeq} \mathrm{Gal}(k_{ab}/k_{ur})$$

をひきおこす

証明　(2)の上，下辺は共に完全系列で，$\bar{\delta}_k$, ε が単射であるから ρ_k も単射である．§3.1，定理3により $U(k)$ は $k^\times$ の開部分群であって，$\bar{\delta}_k=\rho_k|U(k)$ は位相同型であるから ρ_k は連続．また ρ_k の像は $\mathrm{Gal}(k_{ab}/k_{ur})$ を含み，かつ $\varepsilon(\boldsymbol{Z})=\langle\varphi\rangle$ は $\mathrm{Gal}(k_{ur}/k)$ 内で稠密であるから，ρ_k の像も $\mathrm{Gal}(k_{ab}/k)$ の稠密部分群である．定理の後半は明白．

可換図式(2)は基本写像 ρ_k が§4.2の同型 $\boldsymbol{Z}\simeq\langle\varphi\rangle$ と§5.3の同型 δ_k の変形である $\bar{\delta}_k$ とから合成されたものであることを示している．しかし ρ_k が図式(2)により一意的に決定されるというわけではない．即ち(2)と同様な可換図式を与える準同型 $k^\times\to\mathrm{Gal}(k_{ab}/k)$ が他にいくらでも存在することは容易にわかる．

§6.2　ρ_k の性質

本節では主として局所体 k の基本写像

$$\rho_k : k^\times \longrightarrow \mathrm{Gal}(k_{ab}/k)$$

が如何に基礎体 k に依存するかを考察する．

一般に (k,ν), (k',ν') を共に局所体とし，σ を (k,ν) から (k',ν') への局所体としての同型とする．即ち同型写像

$$\sigma : k \xrightarrow{\sim} k'$$

は

$$\nu = \nu' \circ \sigma$$

を満足するものとする．k, k' の代数的閉包をそれぞれ Ω, Ω' とし，Ω, Ω' における ν, ν' の一意的延長をまたそれぞれ μ, μ' とすれば，σ は同型

$$\sigma : \Omega \xrightarrow{\sim} \Omega'$$

に拡張されるが，$\mu'\circ\sigma$ は明らかに $\nu=\nu'\circ\sigma$ の Ω' における延長であるから §1.2, 補題 2 により

$$\mu = \mu' \circ \sigma$$

となる．また Ω に含まれる k 上の最大アーベル拡大体 k_{ab} が σ により Ω' に含まれる k' 上の最大アーベル拡大体 k'_{ab} の上に写像されることは明白であろう：

$$\sigma : k_{ab} \xrightarrow{\sim} k'_{ab}.$$

よってガロア群の間の同型

$$\begin{aligned} \sigma^* : \mathrm{Gal}(k_{ab}/k) &\xrightarrow{\sim} \mathrm{Gal}(k'_{ab}/k'), \\ \tau &\longmapsto \sigma\tau\sigma^{-1} \end{aligned}$$

が得られる．

定理 2 図式

$$\begin{array}{ccc} k^{\times} & \longrightarrow & \mathrm{Gal}(k_{ab}/k) \\ \downarrow{\scriptstyle \sigma} & & \downarrow{\scriptstyle \sigma^*} \\ k'^{\times} & \longrightarrow & \mathrm{Gal}(k'_{ab}/k') \end{array}$$

は可換である．但しここに二つの横写像は勿論 ρ_k, $\rho_{k'}$ とする．

証明 これは ρ_k が k に関して自然に定義されていることから殆ど自明である．即ち σ は k_{ur} を k'_{ur} の上に写像し，k_{ur}/k, k'_{ur}/k' の Frobenius 自己同型をそれぞれ φ, φ' とすれば $\varphi'=\sigma\varphi\sigma^{-1}$ となる．また π が k の素元であれば $\pi'=\sigma(\pi)$ は k' の素元となるが，上述の注意と ψ_π, $\psi_{\pi'}$ の定義とより $\psi_{\pi'}=\sigma\psi_\pi\sigma^{-1}$ となる

ことは容易に確かめられる．即ち $\rho_{k'}(\sigma(\pi))=\sigma\rho_k(\pi)\sigma^{-1}$．$k^\times$ は素元の集合 $\{\pi\}$ により生成されるからこれで定理は証明された．

上の定理は次に説明する特別な場合，即ち k が局所体 k_0 上の有限次ガロア拡大体である場合にしばしば用いられる．この場合 k_{ab}/k_0 はガロア拡大となり，$\mathrm{Gal}(k_{ab}/k)$ は $\mathrm{Gal}(k_{ab}/k_0)$ のアーベル不変部分群であって，その剰余群が $\mathrm{Gal}(k/k_0)$ である．$\mathrm{Gal}(k_{ab}/k_0)$ の任意の元 σ は $\mathrm{Gal}(k_{ab}/k)$ の自己同型

$$\sigma^*: \mathrm{Gal}(k_{ab}/k) \xrightarrow{\sim} \mathrm{Gal}(k_{ab}/k),$$
$$\tau \longmapsto \sigma\tau\sigma^{-1}$$

を定義するが，$\mathrm{Gal}(k_{ab}/k)$ がアーベル群であるから σ^* は $\mathrm{Gal}(k/k_0)$ の元である $\sigma|k$ にのみ依存する．よって上の σ^* により $\mathrm{Gal}(k/k_0)$ はアーベル群 $\mathrm{Gal}(k_{ab}/k)$ の上に作用する．一方 $\mathrm{Gal}(k/k_0)$ は勿論 k の乗法群 $k^\times$ に作用する．故に定理2を $k=k'$, $\Omega=\Omega'$, $k_{ab}=k'_{ab}$ の場合に適用すれば

$$\rho_k: k^\times \longrightarrow \mathrm{Gal}(k_{ab}/k)$$

が $\mathrm{Gal}(k/k_0)$ を作用素群とする準同型であることが知られる．

さて次には k' を k の任意の有限次拡大体とし，ρ_k と $\rho_{k'}$ との関係を考察する．

$$k\subseteq k', \qquad k_{ab}\subseteq k'_{ab}$$

であるから制限写像 $\sigma\mapsto\sigma|k_{ab}$ により自然な準同型

$$\mathrm{Gal}(k'_{ab}/k') \longrightarrow \mathrm{Gal}(k_{ab}/k)$$

が得られる．またノルム写像 $N_{k'/k}$ は明らかに

$$k'^\times \longrightarrow k^\times$$

を定義する．

定理3 任意の有限次拡大 k'/k に対し，図式

$$\begin{array}{ccc} k'^\times & \longrightarrow & \mathrm{Gal}(k'_{ab}/k') \\ \downarrow{\scriptstyle N_{k'/k}} & & \downarrow \\ k^\times & \longrightarrow & \mathrm{Gal}(k_{ab}/k) \end{array}$$

は可換である．但し横写像は $\rho_{k'}, \rho_k$ とする．

証明 一般に k'' を k'/k の任意の中間体とし，図式

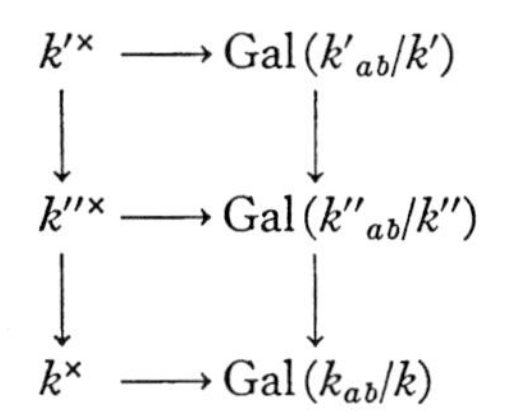

$$\begin{array}{ccc} k'^{\times} & \longrightarrow & \mathrm{Gal}(k'_{ab}/k') \\ \downarrow & & \downarrow \\ k''^{\times} & \longrightarrow & \mathrm{Gal}(k''_{ab}/k'') \\ \downarrow & & \downarrow \\ k^{\times} & \longrightarrow & \mathrm{Gal}(k_{ab}/k) \end{array}$$

を考える．左辺の縦写像においては $N_{k''/k}\circ N_{k'/k''}=N_{k'/k}$ であり，同様なことが右辺の縦写像についても言えるから，もしも定理が拡大 k'/k'' 及び k''/k に対して成り立つならば，それはまた k'/k に対しても成立することがわかる．特に k'' として k'/k の惰性体をとれば§3.2，定理5により k'/k'' は完全分岐であり，k''/k は不分岐となる．よって上の注意により拡大 k'/k が完全分岐であるかまたは不分岐である場合にだけ定理を証明すれば十分である．

まず k'/k が完全分岐であるとすれば，π' を k' の任意の素元とする時，$\pi=N_{k'/k}(\pi')$ は k の素元となる．k'_{ur}/k' の Frobenius 自己同型を φ' とし

$$\psi' = \psi_{\pi'} = \rho_{k'}(\pi'), \qquad F' = F_{\psi'}$$

とすれば，補題2における $\psi_{\pi'}$ の定義より

$$\psi'|k'_{ur} = \varphi', \qquad \pi' \in N(F'/k').$$

しかるに k'/k は完全分岐であるから，k_{ur}/k の Frobenius 自己同型を φ とする時，$\varphi'|k_{ur}=\varphi$ となる．よって

$$F = F' \cap k_{ab}, \qquad \psi = \psi'|k_{ab}$$

とおけば

$$F = F_{\psi}, \qquad \psi|k_{ur} = \psi'|k_{ur} = (\psi'|k'_{ur})|k_{ur} = \varphi'|k_{ur} = \varphi.$$

一方 $\pi'\in N(F'/k')$ より明らかに $\pi=N_{k'/k}(\pi')\in N(F'/k)$，従って

$$\pi \in N(F/k).$$

故に ψ_π の定義により $\psi=\psi_\pi=\rho_k(\pi)$，即ち

$$\rho_k(N_{k'/k}(\pi')) = \psi = \rho_{k'}(\pi')|k_{ab}.$$

$k'^{\times}$ は素元の集合 $\{\pi'\}$ により生成されるから，これで k'/k が完全分岐である場

合には定理が証明された.

次に k'/k を不分岐拡大とし, $n=[k':k]$ とする. k の素元を π とし, $\psi=\psi_\pi=\rho_k(\pi)$ とする. この場合 k'/k はガロア拡大であるから k'_{ab}/k もまたガロア拡大となる. よって ψ の $\mathrm{Gal}(k'_{ab}/k)$ における拡張を λ とする: $\lambda|k_{ab}=\psi$.

$$F_\lambda=\{\alpha' \mid \alpha'\in k'_{ab},\ \lambda(\alpha')=\alpha'\}$$

とおけば, $\lambda|K=\psi|K=\varphi$ であるから §4.3, 補題7により

$$F_\lambda\cap K=k,\qquad F_\lambda K=k'_{ab},\qquad \mathrm{Gal}(k'_{ab}/F_\lambda)\xrightarrow{\sim}\mathrm{Gal}(K/k).$$

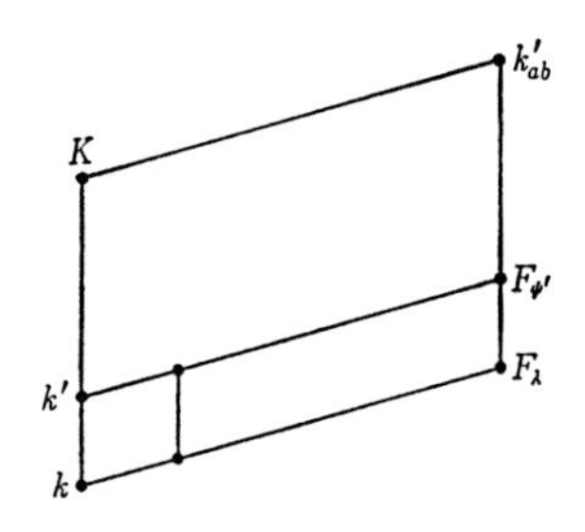

$\psi'=\lambda^n$, $\varphi'=\varphi^n$ とすれば勿論 $\psi'|K=\varphi'$ であるが,

$$k\subseteq k'\subseteq K,\qquad [k':k]=n,\qquad K=k'_{ur}$$

であるから φ' は K/k' の Frobenius 自己同型であって ψ' はその $\mathrm{Gal}(k'_{ab}/k')$ における拡張であることが知られる. 一方 $\mathrm{Gal}(k'_{ab}/F_\lambda)\simeq\mathrm{Gal}(K/k)$ より

$$k'F_\lambda=F_{\psi'}=\{\alpha' \mid \alpha'\in k'_{ab},\ \psi'(\alpha')=\alpha'\}$$

が得られる. $F_\lambda\cap K=k$ であるから §4.2, 補題4により $N(F_\lambda/k)$ は k の素元 π_1 を含むが, $F_\psi=k_{ab}\cap F_\lambda\subseteq F_\lambda$ であるから $\pi_1\in N(F_\psi/k)$. しかるに $\psi=\psi_\pi$ より $\pi\in N(F_\psi/k)$. よって補題2により $\pi_1=\pi$, 従って $\pi\in N(F_\lambda/k)$. また $F_\lambda\cap K=k$ により, k 上有限次の F_λ/k の中間体と k' 上有限次の $k'F_\lambda/k'$ の中間体とは1対1に対応する. 故に $\pi\in N(F_\lambda/k)$ であれば $\pi\in N(k'F_\lambda/k')$. さて k の素元 π は同時にまた不分岐拡大体 k' の素元であり

$$\psi'|K=\varphi',\qquad \pi\in N(k'F_\lambda/k')=N(F_{\psi'}/k')$$

が言われたから, 定義により

$$\rho_{k'}(\pi)=\psi'=\lambda^n.$$

従って

$$\rho_{k'}(\pi)|k_{ab} = \lambda^n|k_{ab} = \psi^n = \rho_k(\pi)^n = \rho_k(N_{k'/k}(\pi))$$

が得られる．$u' \in U(k')$, $u \in U(k)$ に対しては

$$\rho_{k'}(u') = \delta_{k'}(u')^{-1}, \qquad \rho_k(u) = \delta_k(u)^{-1}$$

となり，またこの場合 k'/k はガロア拡大であるから§5.3，定理4により

$$\rho_{k'}(u')|k_{ab} = \rho_k(N_{k'/k}(u')).$$

しかるに $k'^{\times} = \langle\pi\rangle \times U(k')$ であったから定理は不分岐拡大 k'/k に対しても証明された．

次に有限次拡大 k'/k が更に分離拡大である場合を考える．この場合§5.2により k から k' へのガロア群の移送

$$t_{k'/k} : \mathrm{Gal}\,(k_{ab}/k) \longrightarrow \mathrm{Gal}\,(k'_{ab}/k')$$

が定義され，また明らかに自然な単射

$$k^{\times} \longrightarrow k'^{\times}$$

が定義される．次に図式

$$\begin{array}{ccc} k^{\times} & \longrightarrow & \mathrm{Gal}\,(k_{ab}/k) \\ \downarrow & & \downarrow t_{k'/k} \\ k'^{\times} & \longrightarrow & \mathrm{Gal}\,(k'_{ab}/k') \end{array}$$

が可換であることを数段に分けて証明する．簡単のためこの図式を以下 (k'/k) と記すことにする．

補題 4　有限次分離拡大 k''/k の中間体を k' とする：$k \subseteq k' \subseteq k''$.

i)　図式 (k''/k'), (k'/k) が共に可換であれば (k''/k) も可換である．

ii)　図式 (k''/k), (k''/k') が共に可換であれば (k'/k) も可換である．

証明　(k'/k), (k''/k') から合成される次の図式を考える：

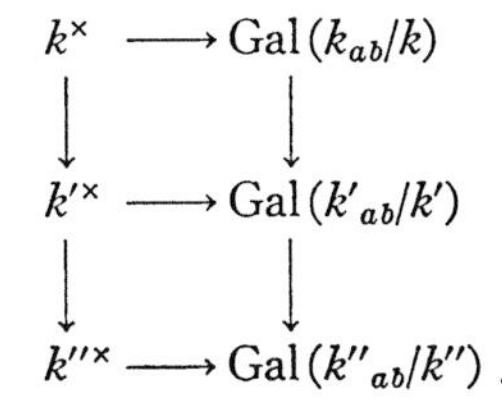

$$\begin{array}{ccc} k^{\times} & \longrightarrow & \mathrm{Gal}\,(k_{ab}/k) \\ \downarrow & & \downarrow \\ k'^{\times} & \longrightarrow & \mathrm{Gal}\,(k'_{ab}/k') \\ \downarrow & & \downarrow \\ k''^{\times} & \longrightarrow & \mathrm{Gal}\,(k''_{ab}/k'') \,. \end{array}$$

$t_{k''/k}=t_{k''/k'}\circ t_{k'/k}$ であるから上の図式の外側の大きな四辺形は図式 (k''/k) である．故に i)は明白．§5.3，定理5，系により $t_{k''/k'}$ は単射であるから ii)も上の図式から直ちに得られる．

補題5 k'/k を特に有限次ガロア拡大とすれば $N(k'/k)$ の元 x に対しては図式 (k'/k) は可換である．即ち $\mathrm{Gal}(k'_{ab}/k')$ における x の二つの像は一致する．

証明 仮定により $x=N_{k'/k}(x')$, $x'\in k'^{\times}$, 即ち

$$x=\prod_{\tau}\tau(x'),\qquad \tau\in\mathrm{Gal}(k'/k).$$

$\sigma=\rho_{k'}(x')$ とし，また τ の $\mathrm{Gal}(k'_{ab}/k)$ における拡張を再び τ と書くことにすれば，定理2の後の注意を $k\subseteq k'\subseteq k'_{ab}$ に適用して

$$\rho_{k'}(x)=\prod_{\tau}\tau\sigma\tau^{-1}$$

が得られる．一方この場合 $H=\mathrm{Gal}(\Omega_s/k')$ は $G=\mathrm{Gal}(\Omega_s/k)$ の不変部分群であって，上の τ の $\mathrm{Gal}(\Omega_s/k)$ における拡張をまた τ と書く時，$\mathrm{Gal}(k'/k)$ のすべての元の拡張の集合 $\{\tau\}$ は G の H に関する剰余類の代表系をなすから，§5.2に述べた移送 $t_{k'/k}=t_{G/H}$ の定義より直ちに

$$t_{k'/k}(\sigma|k_{ab})=\prod_{\tau}\tau\sigma\tau^{-1}.$$

しかるに定理3により $\sigma|k_{ab}=\rho_{k'}(x')|k_{ab}=\rho_k(N_{k'/k}(x'))=\rho_k(x)$ であるから

$$\rho_{k'}(x)=t_{k'/k}(\rho_k(x))$$

となり，補題の主張は証明された．

定理4 k の任意の有限次分離拡大体を k' とする時，図式

$$\begin{array}{ccc} k^{\times} & \longrightarrow & \mathrm{Gal}(k_{ab}/k) \\ \downarrow & & \downarrow t_{k'/k} \\ k'^{\times} & \longrightarrow & \mathrm{Gal}(k'_{ab}/k') \end{array}$$

は可換である．但しここに横写像は ρ_k, $\rho_{k'}$ とする．

証明 k' を含む k 上の有限次ガロア拡大体を E とする：$k\subseteq k'\subseteq E$．補題4，ii)により，もしも定理が E/k, E/k' に対して成立すればそれはまた k'/k に対し

ても成り立つから，以下 k'/k がガロア拡大である場合だけ考えれば十分である．k'/k の惰性体を k_0 とすれば§3.2，定理5により k'/k_0 は完全分岐，k_0/k は不分岐である．故に k'/k は更に完全分岐乃至不分岐なガロア体であると仮定してよい．

まず k'/k を完全分岐とし，k' の素元を π' とすれば，$\pi=N_{k'/k}(\pi')$ は k の素元となり

$$k^\times = \langle\pi\rangle\times U(k).$$

補題5により問題の図式は π に対しては可換である．また $\rho_k|U(k)=\bar{\delta}_k$ 及び§5.3，定理5により図式は $U(k)$ の元に対しても可換である．よって定理はこの場合には成立する．

次に k'/k を不分岐拡大とする．$k^\times$ は素元の集合により生成されるから，k の任意の素元 π に対して図式が可換であることを言えば十分である．定理3の証明の後半におけると同じ記号を用いて，$\psi=\rho_k(\pi)$ の $\mathrm{Gal}(k'_{ab}/k)$ における拡張を λ とすれば，そこで証明されたように

$$\rho_{k'}(\pi) = \lambda^n, \qquad n = [k':k]$$

となる．$K/k\,(=k_{ur}/k)$ の Frobenius 自己同型を φ とすれば ψ の定義により

$$\lambda|K = \psi|K = \varphi$$

であるから，$\{1, \lambda, \cdots, \lambda^{n-1}\}$ は $\mathrm{Gal}(k'_{ab}/k)$ の $\mathrm{Gal}(k'_{ab}/k')$ に関する剰余類の代表系を成す．よって移送の定義から容易に

$$t_{k'/k}(\psi) = \lambda^n$$

が得られる．即ち

$$\rho_{k'}(\pi) = t_{k'/k}(\rho_k(\pi)).$$

これで定理の証明は完了した．

上の定理は移送 $t_{k'/k}$ の定義を少し変更することにより任意の(必ずしも分離的でない)有限次拡大 k'/k に対して次のように拡張される．k' に含まれる k 上の最大分離拡大体を k''，即ち $k''=k'\cap\Omega_s$，としまた $m=[k':k'']$ とする．k の標数が0ならば $m=1$ であり，また標数が p ならば m は p の巾であるからいず

れの場合にも写像 $\alpha \mapsto \alpha^{1/m}$ は代数的閉体 Ω の自己同型

$$\omega_m : \Omega \xrightarrow{\sim} \Omega$$

を定義する．§3.3，補題5により k'/k'' は完全分岐拡大であって

$$\omega_m : k'' \xrightarrow{\sim} k'.$$

従って k', k'' の正規付値をそれぞれ ν', ν'' とする時

$$\nu'' = \nu' \circ \omega_m$$

となる．よって $\mathrm{Gal}(k''_{ab}/k'')$ の元 τ に対し $\omega_m{}^*(\tau) = \omega_m \tau \omega_m{}^{-1}$ とおけば定理2により図式

$$\begin{array}{ccc} k''^{\times} & \longrightarrow & \mathrm{Gal}(k''_{ab}/k'') \\ \downarrow{\scriptstyle \omega_m} & & \downarrow{\scriptstyle \omega_m{}^*} \\ k'^{\times} & \longrightarrow & \mathrm{Gal}(k'_{ab}/k') \end{array}$$

は可換である．即ち x を k'' の元とする時

$$\rho_{k'}(x^{1/m}) = \omega_m(\rho_{k''}(x))\omega_m{}^{-1},$$

従って

$$\rho_{k'}(x) = \omega_m(\rho_{k''}(x)^m)\omega_m{}^{-1}.$$

しかるに x が $k^{\times}$ に含まれれば定理4により $\rho_{k''}(x) = t_{k''/k}(\rho_k(x))$ であるから上より

$$\rho_{k'}(x) = \omega_m(t_{k''/k}(\rho_k(x)^m))\omega_m{}^{-1}$$

が得られる．故に拡大 k'/k に対する移送

$$t_{k'/k} : \mathrm{Gal}(k_{ab}/k) \longrightarrow \mathrm{Gal}(k'_{ab}/k')$$

を

$$t_{k'/k}(\sigma) = \omega_m(t_{k''/k}(\sigma^m))\omega_m{}^{-1}, \qquad \sigma \in \mathrm{Gal}(k_{ab}/k)$$

により定義すれば定理4の図式

$$\begin{array}{ccc} k^{\times} & \longrightarrow & \mathrm{Gal}(k_{ab}/k) \\ \downarrow & & \downarrow{\scriptstyle t_{k'/k}} \\ k'^{\times} & \longrightarrow & \mathrm{Gal}(k'_{ab}/k') \end{array}$$

はこの場合にも可換となる．上の $t_{k'/k}$ が分離拡大に対する移送の一般化であることは明らかであろう．また $t_{k'/k}$ は単射であり（k の標数が p ならば $U(k)$ は

1以外に1のp乗根を含まぬことに注意)，かつ任意の有限次拡大$k\subseteq k'\subseteq k''$に対し$t_{k''/k}=t_{k''/k'}\circ t_{k'/k}$を満足することも容易に証明される.

基本写像ρ_kは補題3により局所体kに対して一意的に定義されるが，次に定理3の応用として基本写像のもう一つの特徴付けを述べておく．引き続きk_{ur}/kのFrobenius自己同型をφとする.

定理5　準同型

$$\kappa : k^{\times} \longrightarrow \mathrm{Gal}(k_{ab}/k)$$

がkの基本写像ρ_kと一致するためにはκが次の二つの性質を持つことが必要かつ十分である:

i)　kの任意の素元πに対し$\kappa(\pi)|k_{ur}=\varphi$,

ii)　kの任意の有限次アーベル拡大体k'に対し$\kappa(N(k'/k))\subseteq\mathrm{Gal}(k_{ab}/k')$，即ち$x\in N(k'/k)$に対しては$\kappa(x)|k'=1$.

証明　ρ_kがi)を満足することは補題3における$\rho=\rho_k$の定義から明白．またk'/kがアーベル拡大であれば$k\subseteq k'\subseteq k_{ab}$となるから定理3の図式において$\mathrm{Gal}(k'_{ab}/k')\to\mathrm{Gal}(k_{ab}/k)$の像は$\mathrm{Gal}(k_{ab}/k')$に含まれる．よって同定理により$\rho_k$はii)も満足する．次に条件i), ii)を満足する任意の準同型κを考える．kの任意の素元をπとし，$\psi=\psi_\pi=\rho_k(\pi)$とすれば$\psi_\pi$, F_ψの定義により$\pi\in N(F_\psi/k)$, $\psi|F_\psi=1$．故にF_ψに含まれるk上の任意の有限次拡大体をk'とする時，$\pi\in N(k'/k)$となり，従って仮定ii)により$\kappa(\pi)|k'=1$．しかるにF_ψはこのようなk'の和集合であるから

$$\kappa(\pi)|F_\psi = 1 = \rho_k(\pi)|F_\psi.$$

一方仮定i)により$\kappa(\pi)|K=\rho_k(\pi)|K=\varphi\ (K=k_{ur})$となるが，§4.3, 補題7により$k_{ab}=F_\psi K$であるから

$$\kappa(\pi) = \rho_k(\pi)$$

が得られる．$k^{\times}$は素元の集合$\{\pi\}$により生成されるから上より$\kappa=\rho_k$となり定理は証明された.

§6.3　有限次アーベル拡大体

本節では局所体kの有限次拡大体，特に有限次アーベル拡大体，に関する基本的な結果をいくつか証明する．

定理6　局所体kの任意の有限次拡大体をk'とする時，基本写像$\rho_k: k^\times \to \mathrm{Gal}(k_{ab}/k)$は剰余群の間の同型

$$\rho_{k'/k}: k^\times/N(k'/k) \xrightarrow{\sim} \mathrm{Gal}(k_{ab}\cap k'/k)$$

をひきおこし

$$N(k'/k) = \rho_k^{-1}(\mathrm{Gal}(k_{ab}/k_{ab}\cap k')),$$

$$\mathrm{Gal}(k_{ab}/k_{ab}\cap k') = \rho_k(N(k'/k)) \text{ の } \mathrm{Gal}(k_{ab}/k) \text{ における閉包}$$

となる．

証明　局所体k'に対し図式(2)と同様に定義された可換図式を

$$\text{(3)}\quad \begin{array}{ccccccccc} 1 & \longrightarrow & U(k') & \longrightarrow & k'^\times & \longrightarrow & \boldsymbol{Z} & \longrightarrow & 1 \\ & & \downarrow{\scriptstyle \bar\delta_{k'}} & & \downarrow{\scriptstyle \rho_{k'}} & & \downarrow{\scriptstyle \varepsilon'} & & \\ 1 & \longrightarrow & \mathrm{Gal}(k'_{ab}/k'_{ur}) & \longrightarrow & \mathrm{Gal}(k'_{ab}/k') & \longrightarrow & \mathrm{Gal}(k'_{ur}/k') & \longrightarrow & 1 \end{array}$$

とすれば，(3)の上段の完全系列と(2)の上段の完全系列とから可換図式

$$\text{(4)}\quad \begin{array}{ccccccccc} 1 & \longrightarrow & U(k') & \longrightarrow & k'^\times & \longrightarrow & \boldsymbol{Z} & \longrightarrow & 1 \\ & & \downarrow & & \downarrow & & \downarrow{\scriptstyle f} & & \\ 1 & \longrightarrow & U(k) & \longrightarrow & k^\times & \longrightarrow & \boldsymbol{Z} & \longrightarrow & 1 \end{array}$$

が得られる．但しここに左辺と中央の縦写像はk'からkへのノルム写像$N_{k'/k}$であって，$f=f(k'/k)$は写像$a\mapsto fa$を表わす．同様に(3)の下段の完全系列と(2)の下段の完全系列とからガロア群の間の自然な準同型による可換図式

$$\text{(5)}\quad \begin{array}{ccccccccc} 1 & \longrightarrow & \mathrm{Gal}(k'_{ab}/k'_{ur}) & \longrightarrow & \mathrm{Gal}(k'_{ab}/k') & \longrightarrow & \mathrm{Gal}(k'_{ur}/k') & \longrightarrow & 1 \\ & & \downarrow & & \downarrow & & \downarrow & & \\ 1 & \longrightarrow & \mathrm{Gal}(k_{ab}/k_{ur}) & \longrightarrow & \mathrm{Gal}(k_{ab}/k) & \longrightarrow & \mathrm{Gal}(k_{ur}/k) & \longrightarrow & 1 \end{array}$$

が定義される．さてk_{ur}/k, k'_{ur}/k'のFrobenius自己同型をそれぞれφ, φ'とすれば，$[k_{ur}\cap k':k]=f$であるから$\varphi'|k_{ur}=\varphi^f$となる．よって§5.3，定理4及び

§6.2，定理3を用いれば，(2),(3),(4),(5)より合成された立体図式も可換であることがわかる．故に(4)の余核と(5)の余核とから定義される図式

$$
(6)\quad
\begin{array}{ccccccccc}
1 \longrightarrow & U(k)/NU(k'/k) & \longrightarrow & k^{\times}/N(k'/k) & \longrightarrow & \boldsymbol{Z}/f\boldsymbol{Z} & \longrightarrow 1 \\
 & \downarrow & & \downarrow & & \downarrow & \\
1 \longrightarrow & \mathrm{Gal}(k_{ab} \cap k'_{ur}/k_{ur}) & \longrightarrow & \mathrm{Gal}(k_{ab} \cap k'/k) & \longrightarrow & \mathrm{Gal}(k_{ur} \cap k'/k) & \longrightarrow 1
\end{array}
$$

は可換図式である．しかるにこの図式の横列は共に完全系列であって，また左辺の縦写像は $\bar{\delta}_k$, $\bar{\delta}_{k'}$ が同型写像であることより同型となり，右辺の縦写像は $\mathrm{Gal}(k_{ur}\cap k'/k)$ が $\varphi|(k_{ur}\cap k')$ により生成される f 次の巡回群であることより同型となる．従って中央の縦写像も同型である：

$$k^{\times}/N(k'/k) \xrightarrow{\sim} \mathrm{Gal}(k_{ab} \cap k'/k).$$

この同型は基本写像 $\rho_k: k^{\times} \to \mathrm{Gal}(k_{ab}/k)$ から誘導されたものであって，

$$\mathrm{Gal}(k_{ab} \cap k'/k) = \mathrm{Gal}(k_{ab}/k)/\mathrm{Gal}(k_{ab}/k_{ab} \cap k')$$

であるから

$$N(k'/k) = \rho_k^{-1}(\mathrm{Gal}(k_{ab}/k_{ab} \cap k'))$$

となり，また ρ_k は $k^{\times}/N(k'/k)$ の各剰余類を $\mathrm{Gal}(k_{ab}/k)/\mathrm{Gal}(k_{ab}/k_{ab}\cap k')$ の対応する剰余類の中に写像する．しかるに定理1により $\rho_k(k^{\times})$ は $\mathrm{Gal}(k_{ab}/k)$ において稠密であり，$\mathrm{Gal}(k_{ab}/k)/\mathrm{Gal}(k_{ab}/k_{ab}\cap k')$ の有限個の剰余類は皆 $\mathrm{Gal}(k_{ab}/k)$ の閉集合であるから $\rho_k(N(k'/k))$ の閉包が $\mathrm{Gal}(k_{ab}/k_{ab}\cap k')$ となることがわかる．

ρ_k は連続準同型であるから，上の定理により $N(k'/k)$ が $k^{\times}$ の有限指数の閉部分群，従って開部分群，であることが知られる．即ち§3.3，定理7がもう一度証明されたわけである．また k'/k を特にアーベル拡大とすることにより直ちに次の定理が得られる：

定理 7　局所体 k の任意の有限次アーベル拡大体を k' とする時，基本写像 $\rho_k: k^{\times} \to \mathrm{Gal}(k_{ab}/k)$ は剰余群の間の同型

$$\rho_{k'/k}: k^{\times}/N(k'/k) \xrightarrow{\sim} \mathrm{Gal}(k'/k)$$

をひきおこし，従って

$$[k^\times : N(k'/k)] = [k' : k]$$

となる.

この定理は局所体上の有限次アーベル拡大体に関する最も基本的な結果である. 上の定理の等式を局所類体論の**基本等式**と呼ぶことは既に§5.1の終りに述べた. またこの基本等式の直接的証明がアーベル拡大に対する§5.1の可換図式(3)から同節の補題1及び Snake lemma を用いて容易に得られることも同じ所で注意した通りである. また定理7はいわゆる**同型定理**, 即ち $k^\times/N(k'/k)$ と $\mathrm{Gal}(k'/k)$ とが有限アーベル群として同型であるという定理, を含んでいるが, それよりもずっと強い結果であることに注目されたい.

定理8(**終結定理**) k' を局所体 k の任意の有限次拡大体, k'' を k の任意の有限次アーベル拡大体とする時

$$N(k'/k) \subseteq N(k''/k) \Longleftrightarrow k'' \subseteq k'.$$

特に

$$N(k'/k) = N(k''/k) \Longleftrightarrow k'' = k_{ab} \cap k'.$$

証明 k''/k がアーベル拡大であるから $k'' \subseteq k'$ は $k'' \subseteq k_{ab} \cap k'$ と同値, 従って $\mathrm{Gal}(k_{ab}/k_{ab} \cap k') \subseteq \mathrm{Gal}(k_{ab}/k'')$ と同値である. よってこの定理は定理6の後半の等式を k'/k, k''/k に適用することにより直ちに得られる.

系 k'/k を任意の有限次拡大とする時

$$N(k'/k) = N(k_{ab} \cap k'/k),$$

$$[k^\times : N(k'/k)] \leq [k' : k].$$

しかも等式が成立するのは k'/k がアーベル拡大である場合に限る.

証明 はじめの等式は既に上の定理に述べてある. よって基本等式をアーベル拡大 $k_{ab} \cap k'/k$ に適用して

$$[k^\times : N(k'/k)] = [k^\times : N(k_{ab} \cap k'/k)] = [k_{ab} \cap k' : k] \leq [k' : k].$$

ここで等号が成立するのは $k_{ab} \cap k' = k'$, 即ち k'/k がアーベル拡大である場合に

限る．

さて k''/k を任意の有限次拡大，k' を k''/k の中間体，即ち $k\subseteq k'\subseteq k''$，とし，図式

$$\begin{array}{ccc} k^\times/N(k''/k) & \xrightarrow{\sim} & \mathrm{Gal}(k_{ab}\cap k''/k) \\ \downarrow & & \downarrow \\ k^\times/N(k'/k) & \xrightarrow{\sim} & \mathrm{Gal}(k_{ab}\cap k'/k) \end{array}$$

を考察する．ここに横写像は $\rho_{k''/k}$，$\rho_{k'/k}$ であって，また縦写像はそれぞれ $N(k''/k)\subseteq N(k'/k)\subseteq k^\times$ 乃至 $k\subseteq k_{ab}\cap k'\subseteq k_{ab}\cap k''$ から生ずる自然な準同型である．

補題 6 上の図式は可換であって，従って

$$\rho_{k''/k}(N(k'/k)/N(k''/k)) = \mathrm{Gal}(k_{ab}\cap k''/k_{ab}\cap k').$$

証明 上の図式が可換であることは $\rho_{k''/k}$，$\rho_{k'/k}$ が共に基本写像 $\rho_k: k^\times\to \mathrm{Gal}(k_{ab}/k)$ から誘導された同型であることから明白である．よってこの図式は縦写像の核の間の同型

$$N(k'/k)/N(k''/k) \xrightarrow{\sim} \mathrm{Gal}(k_{ab}\cap k''/k_{ab}\cap k')$$

をひきおこす．即ち補題の後半が成立する．

定理 9 k' を局所体 k の任意の有限次拡大体，k_0 を k'/k の惰性体，即ち $k_0=k_{ur}\cap k'$，とする時

$$N(k_0/k) = U(k)N(k'/k),$$

$$\rho_{k_0/k}: k^\times/U(k)N(k'/k) \xrightarrow{\sim} \mathrm{Gal}(k_0/k)$$

である．k の任意の素元を π とすれば $\rho_{k_0/k}$ は $\pi U(k)N(k'/k)$ を不分岐拡大 k_0/k の Frobenius 自己同型に写像する．よって特に k'/k の剰余次数 $f(k'/k)$ は $\pi U(k)N(k'/k)$ の $k^\times/U(k)N(k'/k)$ における位数に等しい．

証明 可換図式(6)において $U(k)/NU(k'/k)\to k^\times/N(k'/k)$ の像は中央の縦写像 $\rho_{k'/k}$ により $\mathrm{Gal}(k_{ab}\cap k'/k)\to \mathrm{Gal}(k_{ur}\cap k'/k)$ の核に写像される．即ち

$$\rho_{k'/k}(U(k)N(k'/k)/N(k'/k)) = \mathrm{Gal}(k_{ab}\cap k'/k_0).$$

よって$k_0=k_{ab}\cap k_0$及び$\rho_{k'/k}$が同型であることに注意すれば前補題より

$$N(k_0/k) = U(k)N(k'/k)$$

が得られる．定理5により$\rho_k(\pi)|k_{ur}$はk_{ur}/kのFrobenius自己同型であって，また$\rho_{k_0/k}$はρ_kから誘導された同型であるから，後半も明らかである．但し，$\mathrm{Gal}(k_0/k)$はFrobenius自己同型より生成される位数$f(k'/k)$の巡回群であることに注意.

系　k'を局所体kの有限次拡大体とする時

$$k'/k = \text{不分岐拡大} \iff U(k) \subseteq N(k'/k),$$

$$k'/k = \text{完全分岐拡大} \iff k^\times = U(k)N(k'/k).$$

証明　k_0/kはアーベル拡大であるから，$N(k_0/k)=U(k)N(k'/k)$を用いれば定理8により

$$k_0 = k' \iff U(k)N(k'/k) = N(k'/k) \iff U(k) \subseteq N(k'/k),$$

$$k_0 = k \iff U(k)N(k'/k) = N(k/k) = k^\times.$$

補題7　Hを局所コムパクト群$k^\times$の任意の有限指数の閉部分群とする時

$$N(k'/k) \subseteq H \subseteq k^\times$$

を満足するk上の有限次アーベル拡大体k'が存在する.

証明　§5.3，定理2によりEがk上のすべての有限次アーベル拡大体の上を動く時

$$NU(k_{ab}/k) = \bigcap_E NU(E/k) = 1.$$

Hは$k^\times$の開部分群であるから$H\cap U(k)$は$U(k)$の開部分群である．よって$U(k)$がコムパクト群であること及び$NU(E/k)$が$U(k)$の閉部分群であることに注意すれば，上より

$$NU(E/k) \subseteq H \cap U(k) \subseteq H$$

を満足するEの存在が知られる．$[k^\times:H]=n$としE上n次の不分岐拡大体をk'とする．$E_{ur}=Ek_{ur}$はk上のアーベル拡大体であるからk'/kは有限次アーベル拡大である．k'/Eは不分岐拡大であるから§3.3，補題4により$NU(k'/E)=$

$U(E)$. 従って

$$N_{k'/k}(U(k'))=N_{E/k}(U(E))=NU(E/k)\subseteq H.$$

一方 E の素元 π' は同時に k' の素元であって

$$N_{k'/k}(\pi')=N_{E/k}(\pi')^n\in H.$$

故に $k'^{\times}=\langle\pi'\rangle\times U(k')$ より $N(k'/k)\subseteq H$ となる.

定理 10(**存在定理**)　局所体 k の乗法群 $k^{\times}$ の任意の有限指数の閉部分群を H とする時

$$N(k'/k)=H$$

を満足する k 上の有限次アーベル拡大体 k' がただ一つ存在する.

証明　前補題により

$$N(k''/k)\subseteq H\subseteq k^{\times}$$

となる有限次アーベル拡大 k''/k が存在する. $\rho_{k''/k}: k^{\times}/N(k''/k)\simeq \mathrm{Gal}(k''/k)$ は $H/N(k''/k)$ を $\mathrm{Gal}(k''/k)$ の部分群に写像するから, ガロアの理論により

$$\rho_{k''/k}(H/N(k''/k))=\mathrm{Gal}(k''/k')$$

を満足する k''/k の中間体 k' が存在する. しかるに補題 6 をアーベル拡大 k''/k の中間体 k' に適用すれば

$$\rho_{k''/k}(N(k'/k)/N(k''/k))=\mathrm{Gal}(k''/k').$$

$\rho_{k''/k}$ は同型写像であるから, 従って

$$N(k'/k)=H$$

が得られる. k' の一意性は定理 8 により明白.

上の証明からわかるように, 存在定理は補題 7 から, そしてその補題 7 は §5.3, 定理 2 から容易に導かれる. 一方補題 7 乃至定理 10 から, §5.3, 定理 2 が直ちに得られることは明らかであるから, 既に §5.3 の終りに注意したように, 同節の定理 2 は上の存在定理と本質的に同値であることが知られる.

さて定理 10 により対応

$$k' \longmapsto H = N(k'/k)$$

は k 上のすべての有限次アーベル拡大体の集合 $\{k'\}$ から $k^\times$ のすべての有限指数の閉部分群の集合 $\{H\}$ への全単射を定義する．しかもこの対応は定理8により包含関係を逆にする．よって一般に $k_1 \mapsto H_1$, $k_2 \mapsto H_2$ とすれば

$$k_1 \cap k_2 \longmapsto H_1H_2, \qquad k_1k_2 \longmapsto H_1 \cap H_2$$

となる．また補題6により $k_1 \subseteq k_2$, $H_2 \subseteq H_1$ であれば可換図式

$$(7) \qquad \begin{array}{ccc} k^\times/H_2 & \xrightarrow{\sim} & \mathrm{Gal}(k_2/k) \\ \downarrow & & \downarrow \\ k^\times/H_1 & \xrightarrow{\sim} & \mathrm{Gal}(k_1/k) \end{array}$$

が得られる．但し図式の写像は補題6に述べた通りとする．k_{ab} はすべての k' の和集合であるから§4.1の一般的注意により $\mathrm{Gal}(k_{ab}/k)$ は(7)の右辺の準同型の族に関する $\mathrm{Gal}(k'/k)$ の射影的極限となる:

$$\mathrm{Gal}(k_{ab}/k) = \varprojlim \mathrm{Gal}(k'/k).$$

よって(7)の左辺の準同型に関して

$$\tilde{k}^\times = \varprojlim k^\times/H$$

とおけば，$\rho_{k'/k}$ は射影有限群としての位相同型

$$\tilde{\rho}_k : \tilde{k}^\times \xrightarrow{\sim} \mathrm{Gal}(k_{ab}/k)$$

を与える．自然な準同型 $k^\times \to k^\times/H$ は単射

$$k^\times \longrightarrow \tilde{k}^\times$$

を定義するが，各 $\rho_{k'/k}$ は基本写像 ρ_k: $k^\times \to \mathrm{Gal}(k_{ab}/k)$ より誘導された同型であるから積写像

$$k^\times \longrightarrow \tilde{k}^\times \xrightarrow{\sim} \mathrm{Gal}(k_{ab}/k)$$

は ρ_k と一致する．一方図式(6)の各項の射影的極限をとることにより射影有限群から成る可換図式

$$(8) \qquad \begin{array}{ccccccccc} 1 & \longrightarrow & U(k) & \longrightarrow & \tilde{k}^\times & \longrightarrow & \tilde{\boldsymbol{Z}} & \longrightarrow & 1 \\ & & \downarrow & & \downarrow{\scriptstyle \tilde{\rho}_k} & & \downarrow & & \\ 1 & \longrightarrow & \mathrm{Gal}(k_{ab}/k_{ur}) & \longrightarrow & \mathrm{Gal}(k_{ab}/k) & \longrightarrow & \mathrm{Gal}(k_{ur}/k) & \longrightarrow & 1 \end{array}$$

が得られる．ここに左辺の縦写像は位相同型 $\bar{\delta}_k$ であって，右辺のそれは§4.2

の位相同型(1)である．この図式の下段の横列は明らかに完全系列であるから，従って上段も完全系列であることがわかる．(一般に射影的極限は完全系列を保存しないが，この場合は有限群(コムパクト群)の極限であるから，そのことからも上段の横列が完全系列であることが知られる．) (8)よりまた可換図式

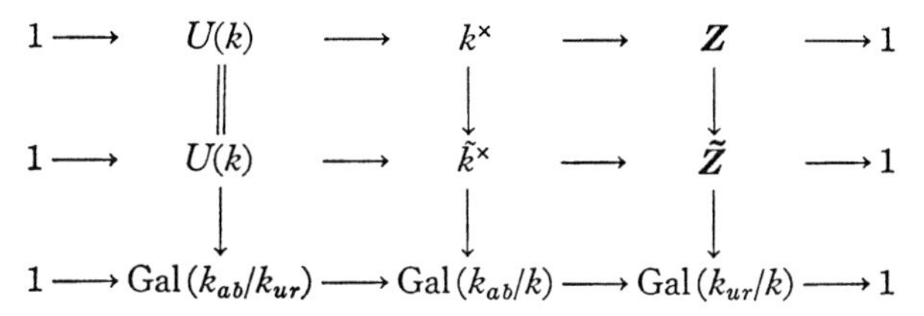

$$\begin{array}{ccccccccc} 1 & \longrightarrow & U(k) & \longrightarrow & k^\times & \longrightarrow & \boldsymbol{Z} & \longrightarrow & 1 \\ & & \| & & \downarrow & & \downarrow & & \\ 1 & \longrightarrow & U(k) & \longrightarrow & \tilde{k}^\times & \longrightarrow & \tilde{\boldsymbol{Z}} & \longrightarrow & 1 \\ & & \downarrow & & \downarrow & & \downarrow & & \\ 1 & \longrightarrow & \mathrm{Gal}(k_{ab}/k_{ur}) & \longrightarrow & \mathrm{Gal}(k_{ab}/k) & \longrightarrow & \mathrm{Gal}(k_{ur}/k) & \longrightarrow & 1 \end{array}$$

が定義されるが，この図式の各横列は完全系列であって，第一列と第三列とを結ぶ図式は上の注意により§6.1の図式(2)に他ならない．(2)と同様に可換図式(8)は $\tilde{\rho}_k$ が§4.2の位相同型(1)と§5.3の位相同型 δ_k の変形である $\bar{\delta}_k$ とから合成されることを示すものである．また§4.3，補題7の前に述べた注意により(8)の上段の完全系列からコムパクト群としての同型

$$\tilde{k}^\times \simeq \tilde{\boldsymbol{Z}} \times U(k),$$

従って

$$\mathrm{Gal}(k_{ab}/k) \simeq \tilde{\boldsymbol{Z}} \times U(k)$$

が得られる．

以上これまでに得られた結果を簡単にまとめて見れば次の通りである．即ち局所体 k 上の最大アーベル拡大体を k_{ab} とする時，k の乗法群 $k^\times$ からガロア群 $\mathrm{Gal}(k_{ab}/k)$ へ基本写像と呼ばれる連続な単射準同型

$$\rho_k : k^\times \longrightarrow \mathrm{Gal}(k_{ab}/k)$$

が存在し，しかも ρ_k は基礎体 k に自然に(functorial に)依存する．従って ρ_k により k 上の(有限次)アーベル拡大体に関する種々の重要な定理が得られる．これが局所類体論の内容の骨子である．後の第8章では一例として k が特に p 進数体 $\boldsymbol{Q}_p$ である場合を考察し，次章の定理を用いて ρ_k に関する更に具体的な結果が得られるであろう．

第7章　形式群とその応用

本章では Lubin–Tate [9] によって局所体に対する形式群の応用につき解説する[1]．主な目標は前章の存在定理(定理 10)の別証を与えることにあるが，この方法により基本写像 ρ_k に関する重要な結果も同時に得られるであろう．

§7.1　一般の形式群

はじめに形式群について後に必要とする事柄をまとめて簡単に紹介する．詳細については例えば Fröhlich [4] 参照．

一般に単位元 1 を有する任意の可換環を R とし，R の元を係数とする不定元 X の形式的巾級数

$$\sum_{n=0}^{\infty} a_n X^n, \qquad a_n \in R$$

の全体を例により $R[[X]]$ と記す．$R[[X]]$ はまた可換環である．二つ以上の不定元についての巾級数環 $R[[X, Y]]$，$R[[X, Y, Z]]$ 等も同様に定義される．$R[[X]]$ の巾級数 $f(X)$, $g(X)$ が定数項を持たなければ，即ち $f(0)=g(0)=0$ ならば，$f(g(X))$ もまた同様な巾級数を与える．この巾級数を $f\circ g$ と書く：

$$(f\circ g)(X) = f(g(X)).$$

この乗法についての単位元は X であるから，$(f\circ g)(X)=(g\circ f)(X)=X$ となる

1)　なお Cassels–Fröhlich [3], Chap. VI, §3 における Serre の解説参照．本章の記号は Serre のそれに従った．

時，$f=g^{-1}$, $g=f^{-1}$ と記す．f が逆元 f^{-1} を持つためには巾級数 $f(X)$ における X の係数が R の元として逆元を持つことが必要かつ十分である．

さて $R[[X, Y]]$ に属する巾級数 $F(X, Y)$ が次の条件を満足する時，F を R 上の**形式群**(正確に言えば1次元可換形式群)と呼ぶ：

i)　$F(X, Y) \equiv X+Y \mod \deg 2$,

ii)　$F(F(X, Y), Z) = F(X, F(Y, Z))$,

iii)　$F(X, Y) = F(Y, X)$.

勿論 i)は次数 ≥ 2 の項を無視すれば両辺の巾級数が一致すると言う意味である．i)により $F(X, 0)$ が逆元を持つ X の巾級数であることがわかる．ii)において $Y=Z=0$ とおけば $F(F(X, 0), 0)=F(X, 0)$ となるから上の注意によって

$$F(X, 0) = X.$$

従って iii)により $F(0, Y)=Y$. 即ち

$$F(X, Y) = X+Y+\sum_{i,j=1}^{\infty} a_{ij}X^iY^j, \qquad a_{ij} = a_{ji} \in R.$$

$F(X, Y)$, $G(X, Y)$ が共に R 上の形式群である時，$f(0)=0$ となる $R[[X]]$ の巾級数 $f(X)$ が

$$f(F(X, Y)) = G(f(X), f(Y))$$

を満足するならば，f を F から G への**準同型**と呼び

$$f : F \longrightarrow G$$

と書く．特に f が逆元 f^{-1} を持つならば，f^{-1} は G から F への準同型となる．この時 f を F から G への**同型**と呼び

$$f : F \xrightarrow{\sim} G$$

と記す．また F から G への準同型の全体を $\mathrm{Hom}_R(F, G)$ とし，特に $F=G$ の時それを $\mathrm{End}_R(F)$ と記す．$f, g \in \mathrm{Hom}_R(F, G)$ の時

$$(f \oplus g)(X) = G(f(X), g(X))$$

により定義される $f \oplus g$ はまた $\mathrm{Hom}_R(F, G)$ に属し，$\mathrm{Hom}_R(F, G)$ はこの加法

に関してアーベル群となる．特に $\mathrm{End}_R(F)$ はこの加法と先に定義された乗法 $f\circ g$ に関して環を成し，巾級数 X が $\mathrm{End}_R(F)$ の単位元を与える．

§7.2 形式群 $F_f(X, Y)$

以下前章までと同様に，k を局所体，ν を k の完備な正規付値とし，$\mathfrak{o}, \mathfrak{p}, \mathfrak{k}=\mathfrak{o}/\mathfrak{p}$ をそれぞれ k の(即ち ν の)付値環，最大イデアル，及び剰余体とする．また有限体 $\mathfrak{k}$ の元の数を q とし，k の乗法群 $k^\times$ の部分群 U_n, $n\geq 0$, を

$$U_0=U=k\text{ の単数群},\qquad U_n=1+\mathfrak{p}^n,\qquad n\geq 1$$

により定義する．

さて k の素元 π を定めた時，次の二つの合同式を満足する $\mathfrak{o}[[X]]$ の元 $f(X)$ の全体を $\mathfrak{F}_\pi$ と記す：即ち

$$f(X)\equiv \pi X \mod \deg 2,\qquad f(X)\equiv X^q \mod \mathfrak{p}.$$

後の合同式は勿論巾級数 $f(X)-X^q$ の各係数がすべて $\mathfrak{p}$ に含まれることを意味する．

補題1 $f(X), g(X)$ を共に $\mathfrak{F}_\pi$ に属する巾級数とし，また $a_1X_1+\cdots+a_nX_n$ を $\mathfrak{o}$ の元を係数とする任意の1次形式とする時

$$F(X_1,\cdots,X_n)\equiv a_1X_1+\cdots+a_nX_n \mod \deg 2,$$
$$f(F(X_1,\cdots,X_n))=F(g(X_1),\cdots,g(X_n))$$

を満足する $\mathfrak{o}[[X_1,\cdots,X_n]]$ の巾級数 $F(X_1,\cdots,X_n)$ がただ一つ存在する：

証明 $F_1=a_1X_1+\cdots+a_nX_n$ とし，以下 $\mathfrak{o}[X_1,\cdots,X_n]$ の多項式 $F_2, F_3,\cdots,F_n,\cdots$ を帰納的に次の条件

$$F_n\equiv F_{n-1} \mod \deg n,$$
$$f(F_n(X_1,\cdots,X_n))\equiv F_n(g(X_1),\cdots,g(X_n)) \mod \deg n+1$$

を満足するように定めることが出来る．まずこれを証明しよう．$n\geq 2$ とし，$F_1,\cdots,F_{n-1}$ まで定義されたとする．G を $\mathfrak{o}[X_1,\cdots,X_n]$ の任意の n 次斉次式と

し $F_n=F_{n-1}+G$ とおけば，第一の条件は満足される．$f(X)\equiv\pi X$, $g(X)\equiv\pi X$ mod deg 2 より

$$f(F_n)=f(F_{n-1}+G)\equiv f(F_{n-1})+\pi G \quad \text{mod deg } n+1,$$

$$\begin{aligned} F_n(g(X_1),\cdots,g(X_n)) &= F_{n-1}(g(X_1),\cdots,g(X_n))+G(g(X_1),\cdots,g(X_n)) \\ &\equiv F_{n-1}(g(X_1),\cdots,g(X_n))+\pi^n G(X_1,\cdots,X_n) \\ &\qquad\qquad \text{mod deg } n+1. \end{aligned}$$

よって F_n が第二の条件も満足するためには

$$f(F_{n-1})-F_{n-1}(g(X_1),\cdots,g(X_n))\equiv\pi(\pi^{n-1}-1)G \quad \text{mod deg } n+1$$

となることが必要かつ十分である．仮定により左辺は $\equiv 0$ mod deg n. また $n\geq 2$ であるから $\pi^{n-1}-1\in U(k)$. よって上の合同式は，

$$f(F_{n-1})\equiv F_{n-1}(g(X_1),\cdots,g(X_n)) \quad \text{mod } \mathfrak{p}$$

であれば $\mathfrak{o}[X_1,\cdots,X_n]$ の n 次斉次式 G に関してただ一つの解を持つことがわかる．しかるに $f(X)\equiv X^q$ mod $\mathfrak{p}$, $g(X)\equiv X^q$ mod $\mathfrak{p}$, かつ q は $\mathfrak{k}=\mathfrak{o}/\mathfrak{p}$ の標数 p の巾であるから

$$f(F_{n-1})\equiv F_{n-1}{}^q \quad \text{mod } \mathfrak{p},$$

$$F_{n-1}(g(X_1),\cdots,g(X_n))\equiv F_{n-1}(X_1{}^q,\cdots,X_n{}^q)\equiv F_{n-1}{}^q \quad \text{mod } \mathfrak{p}.$$

故に $F_n=F_{n-1}+G$ が条件を満足するように定義され，従って帰納法によりすべての $n\geq 1$ に対し F_n が得られる．

さて $F_n\equiv F_{n-1}$ mod deg n であるから，すべての $n\geq 1$ に対し $F\equiv F_n$ mod deg n を満足する $\mathfrak{o}[[X_1,\cdots,X_n]]$ の巾級数 $F(X_1,\cdots,X_n)$ が存在する．この F が補題の条件を満たすことは明白であろう．また F がただ一つであることは，上の証明において G が一意的に定まることからわかる．実際，同じ理由により，補題の条件を満足する F は $k[[X_1,\cdots,X_n]]$ 内においてもただ一つしか存在しない．

注意 この補題の証明，従ってその応用である次の補題 2, 3 においては，k の付値 ν の完備性は必要でない．

補題 2　$f(X)$ を $\mathfrak{F}_\pi$ に属する任意の巾級数とする時

$$f(X) \in \mathrm{End}_{\mathfrak{o}}(F)$$

を満足する $\mathfrak{o}$ 上の形式群 $F(X, Y)$ がただ一つ存在する．

証明　補題1により

$$F(X, Y) \equiv X+Y \mod \deg 2, \qquad f(F(X, Y)) = F(f(X), f(Y))$$

を満足する $\mathfrak{o}[[X, Y]]$ の巾級数 $F(X, Y)$ がただ一つ存在する．しかるにまた $F(Y, X)$ も同じ条件を満足するから，一意性により $F(X, Y)=F(Y, X)$．また補題1において $f(X)=g(X)$ とし，1次式を $X+Y+Z$ とする時，$\mathfrak{o}[[X, Y, Z]]$ の巾級数 $F(F(X, Y), Z)$，$F(X, F(Y, Z))$ は共に補題1の条件を満足する．よって再び解の一意性により $F(F(X, Y), Z)=F(X, F(Y, Z))$．故に $F(X, Y)$ は $\mathfrak{o}$ 上の形式群で $\mathrm{End}_{\mathfrak{o}}(F)$ は $f(X)$ を含む．補題1の証明の終りに述べた注意により，このような $F(X, Y)$ は $k[[X, Y]]$ 内においてさえただ一つしか存在しない．

上の補題2の形式群 $F(X, Y)$ を今後

$$F_f = F_f(X, Y)$$

と書くことにする．

補題 3　$f(X)$, $g(X) \in \mathfrak{F}_\pi$ とする時，$\mathfrak{o}$ の任意の元 a に対し

$$f\circ\phi = \phi\circ g, \qquad \phi(X) \equiv aX \mod \deg 2$$

を満足する $\mathfrak{o}[[X]]$ の巾級数 $\phi(X)$ がただ一つ存在する．この $\phi(X)$ を $[a]_{f,g}$ と書く時

i)　$[a]_{f,g} \in \mathrm{Hom}_{\mathfrak{o}}(F_g, F_f)$, $\quad a \in \mathfrak{o}$,

ii)　$[a]_{f,g} \oplus [b]_{f,g} = [a+b]_{f,g}$, $\quad a, b \in \mathfrak{o}$,

iii)　$[a]_{f,g} \circ [b]_{g,h} = [ab]_{f,h}$, $\quad h(X) \in \mathfrak{F}_\pi$, $a, b \in \mathfrak{o}$.

証明　$\phi(X)$ の存在及び一意性は補題1より明白．$\phi(X)=[a]_{f,g}$ とすれば，$\phi(F_g(X, Y))$，$F_f(\phi(X), \phi(Y))$ は共に

$$H(X, Y) \equiv a(X+Y) \mod \deg 2, \qquad f(H(X, Y)) = H(g(X), g(Y))$$

の解 H を与える．よって補題1における解の一意性により $\phi(F_g(X, Y))=$

$F_f(\phi(X), \phi(Y))$, 即ち $[a]_{f,g}=\phi\in\mathrm{Hom}_{\mathfrak{o}}(F_g, F_f)$. 次に ii) の両辺は共に $f\circ\phi=\phi\circ g$ を満足し，かつ $[a]_{f,g}\oplus[b]_{f,g}\equiv[a+b]_{f,g}\equiv(a+b)X \bmod \deg 2$ であるから，両者は一致する. iii) も同様に証明される.

上において特に $f(X)=g(X)$ である時，$[a]_{f,f}$ を単に $[a]_f$ と書く:

$$[a]_f = [a]_{f,f}, \qquad a\in\mathfrak{o}.$$

$f(X)\in\mathfrak{F}_\pi$ であるから，$[a]_f$ の定義より直ちに

$$[\pi]_f = f(X).$$

また $a\mapsto[a]_f$ が環の単射準同型

$$\mathfrak{o} \longrightarrow \mathrm{End}_{\mathfrak{o}}(F_f)$$

を与えることも補題 3 により明らかである[2].

さて一般に $f(X)$, $g(X)\in\mathfrak{F}_\pi$ とする時

$$[1]_f = X, \qquad [1]_{g,f} = [1]_{f,g}^{-1}$$

であるから

$$[1]_{f,g} : F_g \xrightarrow{\sim} F_f.$$

即ち，素元 π を定めれば，$\mathfrak{F}_\pi$ に属する任意の $f(X)$ に対し形式群 $F_f(X, Y)$ は常に互いに $\mathfrak{o}$ 上で同型となる. 次には π, π' を k の相異なる素元とする時，$f\in\mathfrak{F}_\pi$ の定める形式群 $F_f(X, Y)$ と $g\in\mathfrak{F}_{\pi'}$ の定める $F_g(X, Y)$ との関係を考察する.

今までと同様に，$K=k_{ur}$ を局所体 k の最大不分岐拡大体，$\bar{K}$ を K の完備化，$\mathfrak{o}_K$, $\mathfrak{o}_{\bar{K}}$ を K 乃至 $\bar{K}$ の付値環，φ を K/k の Frobenius 自己同型とし，また φ の $\bar{K}$ における拡張も同じく φ と記すことにする. 一般に $\omega(X)$ が $\mathfrak{o}_K[[X]]$ 乃至 $\mathfrak{o}_{\bar{K}}[[X]]$ に属する任意の巾級数である時，$\omega(X)$ の各係数 α を $\varphi(\alpha)$ $(=\alpha^\varphi)$ でおきかえて得られる巾級数を $\omega^\varphi(X)$ と書くことにする.

2) k の標数が 0 であればこの写像が全単射であることも知られている. Fröhlich [4], Chap. IV 参照.

補題 4　$h(X)$ が $\mathfrak{o}[[X]]$ の巾級数で，前節の意味で逆元 h^{-1} を持つとすれば，同じく逆元を持つ $\mathfrak{o}_{\bar{K}}[[X]]$ の巾級数で

$$\omega^{\varphi} = \omega \circ h$$

を満足する $\omega(X)$ が存在する．

証明　$\mathfrak{o}_{\bar{K}}[X]$ に属する多項式列 $\{\omega_n\}_{n\geq 1}$ で

$$\omega_n \equiv \omega_{n+1} \mod \deg n+1, \qquad \omega_n{}^{\varphi} \equiv \omega_n \circ h \mod \deg n+1, \qquad n \geq 1$$

を満足するものが存在することを証明する．これが出来れば，第一の条件により ω_n, $n\geq 1$, は極限として $\mathfrak{o}_{\bar{K}}[[X]]$ の巾級数 $\omega(X)$ を定め，第二の条件によりそれは $\omega^{\varphi}=\omega\circ h$ を満足する．さて $h^{-1}\in\mathfrak{o}[[X]]$ であるから

$$h(X) \equiv uX \mod \deg 2, \qquad u \in U(k) \subseteq U(\bar{K}).$$

ここに $U(k)$, $U(\bar{K})$ は勿論 k, $\bar{K}$ の単数群である．§4.2，定理2により

$$u = \xi_1{}^{\varphi-1}$$

を満足する ξ_1 が $U(\bar{K})$ 内に存在する．そこで

$$\omega_1(X) = \xi_1 X$$

とおけば

$$\omega_1{}^{\varphi}(X) = \xi_1{}^{\varphi}X = \xi_1 uX \equiv \omega_1 \circ h(X) \mod \deg 2.$$

よって帰納法を用いることにして，$\omega_1, \cdots, \omega_{n-1}$ $(n\geq 2)$ が条件を満足するように定義されたとすれば，適当な $\alpha\in\mathfrak{o}_{\bar{K}}$ をとることにより

$$\omega_{n-1}{}^{\varphi} \equiv \omega_{n-1}\circ h + \alpha X^n \mod \deg n+1.$$

そこで $\mathfrak{o}_{\bar{K}}$ の任意の元を ξ_n とし

$$\omega_n = \omega_{n-1} + \xi_n X^n$$

とおいて見る．明らかに $\omega_n \equiv \omega_{n-1} \mod \deg n$ であるが，

$$\omega_n{}^{\varphi} = \omega_{n-1}{}^{\varphi} + \xi_n{}^{\varphi}X^n \equiv \omega_{n-1}\circ h + (\alpha+\xi_n{}^{\varphi})X^n \mod \deg n+1,$$

$$\omega_n \circ h = \omega_{n-1}\circ h + \xi_n h^n \equiv \omega_{n-1}\circ h + \xi_n u^n X^n \mod \deg n+1$$

であるから，$\omega_n{}^{\varphi} \equiv \omega_n \circ h \mod \deg n+1$ を得るためには

$$\alpha + \xi_n{}^{\varphi} = \xi_n u^n$$

であればよい．$\eta = \xi_n \xi_1{}^{-n}$ とおけば，$u = \xi_1{}^{\varphi-1}$ であるから ξ_n に関する上の等式は

$$\eta^{\varphi}-\eta = -\alpha(u\xi_1)^{-n}$$

と同値になる．ここに右辺は $\mathfrak{o}_{\bar{K}}$ に属する既知の元であるから，再び §4.2，定理 2 により，上の式を満足する η が $\mathfrak{o}_{\bar{K}}$ 内に存在し，$\xi_n=\eta\xi_1^n$ により定義された $\omega_n=\omega_{n-1}+\xi_n X^n$ は $\omega_n\equiv\omega_{n-1} \bmod \deg n$，$\omega_n^{\varphi}\equiv\omega_n\circ h \bmod \deg n+1$ を満足する．よって $\{\omega_n\}_{n\geq 1}$ の存在が証明された．ω_n の極限を ω とすれば，上述の如く $\omega^{\varphi}=\omega\circ h$ となるが，ω はまた $\omega\equiv\omega_1=uX \bmod \deg 2$，$u\in U(\bar{K})$，を満足するから，$\mathfrak{o}_{\bar{K}}[[X]]$ において逆元 ω^{-1} が存在する．よって補題は証明された．

さて π, π' を共に k の素元とし，

$$\pi' = u\pi, \qquad u\in U$$

とする．f を $\mathfrak{F}_{\pi}$ に属する任意の巾級数とする時，補題 3 により $[u]_f^{-1}=[u^{-1}]_f$，$u^{-1}\in\mathfrak{o}$，であるから，$[u]_f$ は $\mathfrak{o}[[X]]$ で逆元を持つ．故に上の補題 4 により

$$\omega^{\varphi} = \omega\circ[u]_f$$

を満足し，かつ逆元 ω^{-1} を持つ $\omega(X)$ が $\mathfrak{o}_{\bar{K}}[[X]]$ 内に存在する．一般に $\mathfrak{o}_{\bar{K}}[[X_1, \cdots, X_n]]$ に含まれる任意の巾級数 $F(X_1, \cdots, X_n)$ に対し

$$F^{\omega}(X_1, \cdots, X_n) = \omega(F(\omega^{-1}(X_1), \cdots, \omega^{-1}(X_n)))$$

により巾級数 F^{ω} を定義する時，次の補題が成立する．

補題 5 $g=[\pi']_f^{\omega}$ とおけば，$g(X)$ は $\mathfrak{F}_{\pi'}$ に属し，かつ

$$F_g = F_f^{\omega}, \qquad [a]_g = [a]_f^{\omega}, \qquad a\in\mathfrak{o}.$$

証明 定義により $[a]_f^{\omega}=\omega\circ[a]_f\circ\omega^{-1}$ であるが，$[a]_f$ が $\mathfrak{o}[[X]]$ の巾級数であることに注意すれば

$$([a]_f^{\omega})^{\varphi} = \omega^{\varphi}\circ[a]_f\circ(\omega^{-1})^{\varphi} = \omega\circ[u]_f\circ[a]_f\circ[u]_f^{-1}\circ\omega^{-1}$$
$$= \omega\circ[a]_f\circ\omega^{-1} = [a]_f^{\omega}.$$

故に §4.2，定理 2 により $[a]_f^{\omega}$ は $\mathfrak{o}[[X]]$ に属す．明らかに

$$[a]_f^{\omega} \equiv [a]_f \equiv aX \mod \deg 2, \qquad a\in\mathfrak{o}.$$

特に $a=\pi'$ とすれば

$$g = [\pi']_f^{\omega} \in \mathfrak{o}[[X]], \qquad g(X) \equiv \pi' X \mod \deg 2.$$

一方 Frobenius 自己同型 φ は剰余体 $\mathfrak{k}_K=\mathfrak{k}_{\bar{K}}=\mathfrak{o}_{\bar{K}}/\mathfrak{p}_{\bar{K}}$ において自己同型 $\kappa\mapsto\kappa^q$ をひきおこし，q は $\mathfrak{k}_{\bar{K}}$ の標数の巾であるから

$$\omega^{\varphi}\circ X^q = \omega^{\varphi}(X^q) \equiv \omega(X)^q \mod \mathfrak{p}_{\bar{K}}.$$

よって $[\pi']_f=[u]_f\circ[\pi]_f$，$[\pi]_f\equiv X^q \mod \mathfrak{p}$ に注意して

$$\begin{aligned} g &= \omega\circ[u]_f\circ[\pi]_f\circ\omega^{-1} = \omega^{\varphi}\circ[\pi]_f\circ\omega^{-1} \\ &\equiv \omega^{\varphi}\circ X^q\circ\omega^{-1} \equiv \omega^q\circ\omega^{-1} \equiv X^q \mod \mathfrak{p}_{\bar{K}}, \end{aligned}$$

即ち $g\equiv X^q \mod \mathfrak{p}$. これで g が $\mathfrak{F}_{\pi'}$ に含まれることがわかった．次に

$$\begin{aligned} (F_f{}^{\omega})^{\varphi} &= \omega^{\varphi}\circ F_f((\omega^{\varphi})^{-1}(X), (\omega^{\varphi})^{-1}(Y)) \\ &= \omega\circ[u]_f\circ F_f([u]_f{}^{-1}\circ\omega^{-1}(X), [u]_f{}^{-1}\circ\omega^{-1}(Y)) \\ &= \omega\circ F_f(\omega^{-1}(X), \omega^{-1}(Y)) = F_f{}^{\omega}. \end{aligned}$$

ここでは $[u]_f\in\mathrm{End}_{\mathfrak{o}}(F_f)$ を用いた．よって $\mathfrak{o}_{\bar{K}}[[X, Y]]=(\mathfrak{o}_{\bar{K}}[[X]])[[Y]]$ に注意すれば，また §4.2，定理2により，$F_f{}^{\omega}$ が $\mathfrak{o}[[X, Y]]$ に含まれることがわかる．$[\pi']_f\in\mathrm{End}_{\mathfrak{o}}(F_f)$ から容易に $g=[\pi']_f{}^{\omega}\in\mathrm{End}_{\mathfrak{o}}(F_f{}^{\omega})$ が得られるから，$F_g=F_f{}^{\omega}$ も証明される．最後に $[a]_f\circ[\pi']_f=[\pi']_f\circ[a]_f$ より

$$[a]_f{}^{\omega}\circ g = g\circ[a]_f{}^{\omega}, \qquad a\in\mathfrak{o}.$$

$[a]_f{}^{\omega}\in\mathfrak{o}[[X]]$，$[a]_f{}^{\omega}\equiv aX \mod \deg 2$ であったから，定義により $[a]_f{}^{\omega}=[a]_g$.

上の補題及びその前に述べた注意により，任意の $f\in\mathfrak{F}_{\pi}$，$g\in\mathfrak{F}_{\pi'}$ に対し，$F_f(X, Y)$ と $F_g(X, Y)$ とは（$\pi\neq\pi'$ であっても）$\mathfrak{o}_{\bar{K}}$ 上の形式群としては同型であることが知られる．

§7.3　アーベル拡大体 k_{π}^n

前章までと同様に，k の代数的閉包を Ω，その完備化を $\bar{\Omega}$ とする．また $\bar{\Omega}$ の付値 $\bar{\mu}$ に関する最大イデアル $\mathfrak{p}_{\bar{\Omega}}$ を以下簡単のために $\mathfrak{m}$ と書く：

$$\mathfrak{m} = \mathfrak{p}_{\bar{\Omega}} = \{\alpha \mid \alpha\in\bar{\Omega},\ \bar{\mu}(\alpha)>0\}.$$

次に k の素元 π と，$\mathfrak{F}_{\pi}$ に属する巾級数 $f(X)$ とを定める．形式群 $F_f(X, Y)$ は $\mathfrak{o}[[X, Y]]$ に属し，かつ $\bar{\Omega}$ は完備であるから，$\mathfrak{m}$ に含まれる任意の元 α, β に対

し $F_f(\alpha,\beta)$ は $\mathfrak{o}_{\bar{\Omega}}$ 内で収束する．しかも $F_f(0,0)=0$ により，$F_f(\alpha,\beta)$ は再び $\mathfrak{m}$ に属す．よって

$$\alpha \dot{+} \beta = F_f(\alpha,\beta)$$

とおけば，形式群の定義より直ちに，$\mathfrak{m}$ がこの加法に関してアーベル群となることが知られる．このアーベル群を以下 $\mathfrak{m}_f$ と記す．$F_f(X,0)=X$ より 0 が $\mathfrak{m}_f$ の零元であることがわかる．また $[a]_f \in \mathrm{End}_{\mathfrak{o}}(F_f)$ より

$$[a]_f(\alpha \dot{+} \beta) = [a]_f(\alpha) \dot{+} [a]_f(\beta), \qquad \alpha,\beta \in \mathfrak{m}_f.$$

故に

$$\begin{aligned} \mathfrak{o}\times\mathfrak{m}_f &\longrightarrow \mathfrak{m}_f, \\ (a,\alpha) &\longmapsto [a]_f(\alpha) \end{aligned}$$

により $\mathfrak{m}_f$ は $\mathfrak{o}$ 加群となる．(補題3, ii), iii)参照.) 以下混乱のおそれのない場合には $[a]_f(\alpha)$ を単に $a\cdot\alpha$ と書くことにする．

さて任意の $n\geq 0$ に対し

$$\begin{aligned} E_f{}^n &= \{\alpha \mid \alpha\in\mathfrak{m}_f,\ \mathfrak{p}^n\cdot\alpha=0\} \\ &= \{\alpha \mid \alpha\in\mathfrak{m}_f,\ \pi^n\cdot\alpha=[\pi^n]_f(\alpha)=0\} \end{aligned}$$

とおく．($\mathfrak{p}^n=\mathfrak{o}\pi^n$ に注意.) 明らかに $E_f{}^n$ は $\mathfrak{m}_f$ の $\mathfrak{o}$ 部分加群で

$$0 = E_f{}^0 \subseteq E_f{}^1 \subseteq \cdots \subseteq E_f{}^n \subseteq \cdots \subseteq \mathfrak{m}_f.$$

よって

$$E_f = \bigcup_{n\geq 0} E_f{}^n$$

もまた $\mathfrak{m}_f$ の $\mathfrak{o}$ 部分加群であるが，これが $\mathfrak{o}$ 加群 $\mathfrak{m}_f$ のねじれ(torsion)部分群であることも明白であろう．

次に $\mathfrak{F}_\pi$ に属する別の巾級数を $g(X)$ とすれば

$$[1]_{f,g} : F_g \xrightarrow{\sim} F_f, \qquad [a]_{f,g} \in \mathrm{Hom}_{\mathfrak{o}}(F_g,F_f), \qquad a\in\mathfrak{o}$$

であるから

$$\begin{aligned} [1]_{f,g} : \mathfrak{m}_g &\xrightarrow{\sim} \mathfrak{m}_f, \\ \alpha &\longmapsto [1]_{f,g}(\alpha) \end{aligned}$$

により $\mathfrak{m}_g$ から $\mathfrak{m}_f$ への $\mathfrak{o}$ 同型が与えられる．しかもこの同型により

$$[1]_{f,g}(E_g{}^n) = E_f{}^n, \quad [1]_{f,g}(E_g) = E_f, \quad n \geq 0.$$

定義により $\mathfrak{F}_\pi$ は多項式

$$g(X) = X^q + \pi X$$

を含む．次にまずこの特別な g に対して $\mathfrak{o}$ 加群 $E_g{}^n$ を考察する．任意の $n \geq 0$ に対し $g(X)$ の n 回の積を

$$g^{(n)}(X) = g \circ g \circ \cdots \circ g(X)$$

とする．定義により

$$g^{(0)}(X) = X, \quad g^{(n)}(X) = g(g^{(n-1)}(X)) = (g^{(n-1)}(X)^{q-1} + \pi) g^{(n-1)}(X), \quad n \geq 1$$

であるから，$n \geq 1$ に対し

$$h^{(n)}(X) = g^{(n-1)}(X)^{q-1} + \pi$$

とおけば，$g^{(n)}(X)$, $h^{(n)}(X)$ はいずれも $\mathfrak{o}[X]$ に属する多項式であって

$$g^{(n)}(X) = X^{q^n} + \cdots + \pi^n X \equiv X^{q^n} \mod \mathfrak{p},$$
$$h^{(n)}(X) = X^{(q-1)q^{n-1}} + \cdots + \pi^{(n-1)(q-1)} X^{q-1} + \pi \equiv X^{(q-1)q^{n-1}} \mod \mathfrak{p},$$
$$g^{(n)}(X) = h^{(n)}(X) h^{(n-1)}(X) \cdots h^{(1)}(X) X$$

となることは明らかである．よって特に $h^{(n)}(X)$, $n \geq 1$, は次数 $(q-1)q^{n-1}$ の Eisenstein 多項式であって $k[X]$ において既約である．しかも導函数 $dh^{(n)}/dX$ における X^{q-2} の係数 $\pi^{(n-1)(q-1)}(q-1)$ は k の標数が p で q が p の巾である場合にも 0 でないから，$h^{(n)}(X)$ は分離既約多項式である．従って(次数の)相異なる既約式の積である $g^{(n)}(X)$ も $k[X]$ に属する分離多項式で，k の代数的閉包 Ω においてちょうど q^n 個の相異なる根を持つ．$[\pi]_g = g$, $[\pi^n]_g = [\pi]_g \circ \cdots \circ [\pi]_g = g^{(n)}(X)$ であるから定義により

$$E_g{}^n = \{\alpha \mid \alpha \in \mathfrak{m}_g,\ g^{(n)}(\alpha) = 0\}.$$

しかるに Ω 乃至その完備化 $\bar{\Omega}$ の元 α が $g^{(n)}(\alpha)=0$ を満足すれば $g^{(n)}(X) \equiv X^{q^n}$ mod $\mathfrak{p}$ より $\alpha \in \mathfrak{p}_{\bar{\Omega}} = \mathfrak{m}_g$ となる．よって

$$E_g{}^n = \{\alpha \mid \alpha \in \Omega,\ g^{(n)}(\alpha) = 0\}, \tag{1}$$

即ち $E_g{}^n$ は Ω に含まれる $g^{(n)}(X)$ の根の全体であって，上に述べたようにちょうど q^n 個の元から成る $\mathfrak{o}$ 加群である．

次に $\mathfrak{F}_\pi$ に属する一般の $f(X)$ を考える．f, g は共に $\mathfrak{F}_\pi$ に属し，$\mathfrak{o}$ 同型 $[1]_{f,g}$: $\mathfrak{m}_g \simeq \mathfrak{m}_f$ により $[1]_{f,g}(E_g{}^n)=E_f{}^n$ となるから，上の説明により一般の $f(X)$ に対しても $E_f{}^n$ は q^n 個の元から成る $\mathfrak{o}$ 加群であることがわかる．従って $n\geq 1$ であれば $E_f{}^n \neq E_f{}^{n-1}$．この場合 $E_f{}^{n-1}$ に含まれない $E_f{}^n$ の元 α を一つ定めれば，$\mathfrak{o}$ 加群としての準同型

$$\mathfrak{o} \longrightarrow E_f{}^n,$$

$$a \longmapsto a\cdot\alpha$$

が定義されるが，$\mathfrak{p}^n\alpha=0$，$\mathfrak{p}^{n-1}\alpha\neq 0$ によりこの準同型の核は $\mathfrak{p}^n$ である．但し $\mathfrak{o}$ の 0 でないイデアルは $\mathfrak{p}$ の巾，$\mathfrak{p}^n$, $n\geq 0$, 以外に存在しないことに注意．しかるに $[\mathfrak{o}:\mathfrak{p}^n]=q^n$ であるから上の準同型は $\mathfrak{o}$ 加群としての同型

$$\mathfrak{o}/\mathfrak{p}^n \xrightarrow{\sim} E_f{}^n \tag{2}$$

をひきおこす．

さて $\mathfrak{o}$ の任意の元 a は $\mathfrak{o}$ 加群 $E_f{}^n$, $n\geq 0$, の自己準同型

$$[a]_f : E_f{}^n \longrightarrow E_f{}^n$$

を定義し，$a\mapsto [a]_f$ により環としての準同型

$$\mathfrak{o} \longrightarrow \mathrm{End}_\mathfrak{o}(E_f{}^n)$$

が得られる．

補題 6 上の写像 $a\mapsto [a]_f$ は自然な同型

$$\mathfrak{o}/\mathfrak{p}^n \xrightarrow{\sim} \mathrm{End}_\mathfrak{o}(E_f{}^n), \qquad U/U_n \xrightarrow{\sim} \mathrm{Aut}_\mathfrak{o}(E_f{}^n)$$

をひきおこす．但し $\mathrm{Aut}_\mathfrak{o}(E_f{}^n)$ は勿論 $E_f{}^n$ の $\mathfrak{o}$ 自己同型群である．

証明 $n\geq 1$ の時 $\mathfrak{o}$ 加群として $E_f{}^n \simeq \mathfrak{o}/\mathfrak{p}^n$ であることは上に説明した通りであるから，環の準同型 $\mathfrak{o}\rightarrow \mathrm{End}_\mathfrak{o}(E_f{}^n)$ は環の同型 $\mathfrak{o}/\mathfrak{p}^n \simeq \mathrm{End}_\mathfrak{o}(E_f{}^n)$ をひきおこす．これは $n=0$, $E_f{}^0=0$ の場合にも勿論成立する．有限環 $\mathfrak{o}/\mathfrak{p}^n$ の乗法群は

U/U_nと同一視することが出来て，また $\mathrm{End}_{\mathfrak{o}}(E_f{}^n)$ の乗法群は $\mathrm{Aut}_{\mathfrak{o}}(E_f{}^n)$ であるから二番目の乗法群の同型も得られる．

注意　先に定義した $\mathfrak{o}$ 加群の同型 $\mathfrak{o}/\mathfrak{p}^n \simeq E_f{}^n$ は $\alpha \in E_f{}^n$, $\alpha \notin E_f{}^{n-1}$, の選び方に依存するが，上の補題の同型は共に自然な同型である．

上のように $f(X)$ を $\mathfrak{F}_\pi$ の任意の巾級数とする時，定義により $E_f{}^n \subseteq \mathfrak{m}_f \subseteq \bar{\Omega}$ であるから $k(E_f{}^n)$ は $\bar{\Omega}/k$ の中間体である．特に $g(X)=X^q+\pi X$ に対しては(1)より $k(E_g{}^n)$ は分離多項式 $g^{(n)}(X)$ の k 上の分解体となるから，$k(E_g{}^n)/k$ は有限次ガロア拡大であって，従って $k(E_g{}^n)$ は局所体である．しかるに $[1]_{f,g}(X)$ は $\mathfrak{o}[[X]]$ の巾級数であるから局所体 $k(E_g{}^n)$ の最大イデアルに含まれる任意の元 α に対し，$[1]_{f,g}(\alpha)$ は $k(E_g{}^n)$ 内で収束する．よって

$$E_f{}^n = [1]_{f,g}(E_g{}^n) \subseteq k(E_g{}^n), \qquad k \subseteq k(E_f{}^n) \subseteq k(E_g{}^n).$$

従って特に $k(E_f{}^n)$ も局所体である．故に上と同様にして

$$E_g{}^n = [1]_{g,f}(E_f{}^n) \subseteq k(E_f{}^n), \qquad k \subseteq k(E_g{}^n) \subseteq k(E_f{}^n)$$

が得られ，

$$k(E_f{}^n) = k(E_g{}^n)$$

となる．即ち $k(E_f{}^n)$ は $\mathfrak{F}_\pi$ に属するすべての $f(X)$ に対して同一の体を与えることがわかる．よって今後この体を $k_\pi{}^n$ と書き表わすことにする：

$$k_\pi{}^n = k(E_f{}^n), \qquad f \in \mathfrak{F}_\pi,\ n \geq 0.$$

特に

$$k_\pi{}^0 = k(0) = k.$$

次に k の別の素元を π' とし

$$\pi' = \pi u, \qquad u \in U$$

とおく．$K=k_{ur}$ とし，K/k の Frobenius 自己同型を φ とする時，補題 4, 5 により

$$\omega^\varphi = \omega \circ [u]_f$$

を満足する $\mathfrak{o}_{\bar{K}}[[X]]$ の巾級数 $\omega(X)$ が存在し，

$$f'(X)=[\pi']_f{}^\omega(X)$$

は $\mathfrak{F}_{\pi'}$ に属して，また任意の $a\in\mathfrak{o}$ に対し

$$[a]_{f'}=[a]_f{}^\omega=\omega\circ[a]_f\circ\omega^{-1}$$

となる．よって $E_f{}^n$, $E_{f'}{}^n$ の定義により

$$E_{f'}{}^n=\omega(E_f{}^n). \tag{3}$$

$L=k_\pi{}^nK$, $L'=k_{\pi'}{}^nK$ の完備化をそれぞれ $\bar{L}$, $\bar{L}'$ とすれば§4.3, 補題5, 6により L, L' はそれぞれ $k_\pi{}^n$, $k_{\pi'}{}^n$ 上の最大不分岐拡大体であって，かつ

$$\bar{L}=k_\pi{}^n\bar{K}=\bar{K}(E_f{}^n),\qquad \bar{L}'=k_{\pi'}{}^n\bar{K}=\bar{K}(E_{f'}{}^n).$$

しかるに $\omega(X)$ は $\mathfrak{o}_{\bar{K}}[[X]]$ の元でしかも逆元を持つから(3)より

$$\bar{L}=\bar{L}'.$$

よって§4.3, 補題6, 系により

$$L=\bar{L}\cap\Omega_s=\bar{L}'\cap\Omega_s=L'.$$

即ち

$$M^n=k_\pi{}^nk_{ur}=k_\pi{}^nK$$

とおけば M^n は n にのみ依存し，素元 π に無関係であることがわかる．上に注意したように

$$M^n=(k_\pi{}^n)_{ur}.$$

よって $M^n/k_\pi{}^n$ の Frobenius 自己同型を φ' とし，M^n の完備化 $\overline{M}^n$ における φ' の拡張を例により再び φ' と書くことにする．直ぐ次に証明するように $k_\pi{}^n/k$ は完全分岐，即ち $k_\pi{}^n\cap k_{ur}=k$, であるから，今それを用いれば

$$\varphi'|K=\varphi,\qquad \varphi'|\bar{K}=\varphi$$

となる．故に α を $E_f{}^n$ の任意の元とし，$\alpha'=\omega(\alpha)\in E_{f'}{}^n$ とする時，α, α' が共に M^n に含まれ，かつ $\varphi'(\alpha)=\alpha$ となることに注意すれば

$$\omega(\alpha)^{\varphi'}=\omega^{\varphi'}(\alpha^{\varphi'})=\omega^\varphi(\alpha)=\omega\circ[u]_f(\alpha) \tag{4}$$

が得られる．

定理1　局所体 k の任意の素元を π とし，n を任意の自然数，$n\geq1$, とする

時，k_π^n 及び $M^n=k_\pi^n k_{ur}$ を上のように定義すれば，k_π^n/k は有限次完全分岐アーベル拡大，従って M^n/k もアーベル拡大であって

$$[k_\pi^n:k]=[M^n:k_{ur}]=(q-1)q^{n-1},\qquad N(k_\pi^n/k)=\langle\pi\rangle\times U_n,$$

$$N(M^n/k)=NU(M^n/k)=NU(k_\pi^n/k)=U_n.$$

証明 $g(X)=X^q+\pi X$ とし，$g^{(n)}(X)$, $h^{(n)}(X)$ を上述のように定義する．また E_g^{n-1} に含まれない E_g^n の元を α とし

$$k'=k(\alpha),\qquad k\subseteq k'\subseteq k_\pi^n=k(E_g^n)$$

とおく．$g^{(n)}(\alpha)=0$, $g^{(n-1)}(\alpha)\neq 0$ であるから α は $h^{(n)}(X)$ の根であるが，$h^{(n)}(X)$ は次数 $(q-1)q^{n-1}$ の $k[X]$ の既約多項式であって定数項は π であったから

$$(5)\qquad (q-1)q^{n-1}=[k':k]\leq[k_\pi^n:k],\qquad \pi=N_{k'/k}(-\alpha).$$

よって§1.3，定理3，系により，k'/k は完全分岐であって $\pm\alpha$ は k' の素元である．さて既に上に証明したように $k_\pi^n=k(E_g^n)$ は k 上の有限次ガロア拡大体である．一方 $F_g(X,Y)$, $[a]_g(X)$, $a\in\mathfrak{o}$, はいずれも $\mathfrak{o}$ の元を係数とする巾級数であるから，$\mathrm{Gal}(k_\pi^n/k)$ の任意の元 σ 及び E_g^n の任意の元 β,γ に対し

$$F_g(\beta^\sigma,\gamma^\sigma)=F_g(\beta,\gamma)^\sigma,\qquad [a]_g(\beta^\sigma)=([a]_g(\beta))^\sigma,$$

即ち

$$\beta^\sigma\dot{+}\gamma^\sigma=(\beta\dot{+}\gamma)^\sigma,\qquad a\cdot\beta^\sigma=(a\cdot\beta)^\sigma.$$

E_g^n は $g^{(n)}(X)$ の根の集合であるから $\sigma(E_g^n)=E_g^n$ であって，従って σ は $\mathfrak{o}$ 加群 E_g^n の自己同型 σ' をひきおこし，$\sigma\mapsto\sigma'$ は準同型

$$\mathrm{Gal}(k_\pi^n/k)\longrightarrow \mathrm{Aut}_{\mathfrak{o}}(E_g^n)$$

を定義する．しかるに $k_\pi^n=k(E_g^n)$ であるからこの準同型は単射である．故に補題6を用いて

$$[k_\pi^n:k]=[\mathrm{Gal}(k_\pi^n/k):1]\leq[\mathrm{Aut}_{\mathfrak{o}}(E_g^n):1]=[U:U_n]=(q-1)q^{n-1}.$$

従って(5)により

$$k_\pi^n=k',\qquad [k_\pi^n:k]=(q-1)q^{n-1},\qquad \pi\in N(k_\pi^n/k),$$

$$\mathrm{Gal}(k_\pi^n/k)\xrightarrow{\sim}\mathrm{Aut}_{\mathfrak{o}}(E_g^n)\xrightarrow{\sim}U/U_n$$

が得られ，k_π^n/k が完全分岐アーベル拡大であることもわかる．

次に U_n の任意の元を u とし，$\pi'=\pi u$ とおく．π' は勿論 k の素元であるから

この定理の前に述べた結果をこの π' 及び $f=g$ に対して適用することが出来る．U_n の定義により

$$u = 1+x, \qquad x \in \mathfrak{p}^n$$

とおけば $E_g{}^n$ の任意の元 β に対し

$$[u]_g(\beta) = [1+x]_g(\beta) = \beta \dotplus x\cdot\beta$$

となるが，$\beta\in E_g{}^n$, $x\in\mathfrak{p}^n$ であるから $x\cdot\beta=0$. よって $[u]_g(\beta)=\beta$ となる．$k_\pi{}^n/k$ が完全分岐であることは上に証明されたから(4)により

$$\omega(\beta)^{\varphi'} = \omega\circ[u]_g(\beta) = \omega(\beta).$$

しかるに φ' は $M^n/k_\pi{}^n$ の Frobenius 自己同型であったから上の等式より $\omega(\beta)$ が $k_\pi{}^n$ の元であることがわかる．故に

$$E_{g'}{}^n = \omega(E_g{}^n) \subseteq k_\pi{}^n, \qquad k_{\pi'}{}^n \subseteq k_\pi{}^n.$$

$[k_{\pi'}{}^n:k]=[k_\pi{}^n:k]=(q-1)q^{n-1}$, $\pi'\in N(k_{\pi'}{}^n/k)$ は既に証明されているからこれによって

$$k_{\pi'}{}^n = k_\pi{}^n, \qquad \pi' \in N(k_\pi{}^n/k)$$

が得られ，$\pi'=\pi u$, $\pi\in N(k_\pi{}^n/k)$ を用いれば $u\in N(k_\pi{}^n/k)$ も得られる．u は U_n の任意の元であったから

$$U_n \subseteq N(k_\pi{}^n/k),$$

従って

$$(6) \qquad \langle\pi\rangle\times U_n \subseteq N(k_\pi{}^n/k).$$

しかるに $k^\times=\langle\pi\rangle\times U$ であるから

$$[k^\times:\langle\pi\rangle\times U_n] = [U:U_n] = (q-1)q^{n-1}.$$

一方アーベル拡大 $k_\pi{}^n/k$ に対する基本等式(§5.1, §6.3)により

$$[k^\times:N(k_\pi{}^n/k)] = [k_\pi{}^n:k] = (q-1)q^{n-1}.$$

故に(6)より

$$N(k_\pi{}^n/k) = \langle\pi\rangle\times U_n,$$

従って

$$NU(k_\pi{}^n/k) = U_n$$

を得る．$M^n=k_\pi{}^nK$ であるから§4.3, 補題5により

$$N(M^n/k)=NU(M^n/k)=NU(k_\pi{}^n/k)=U_n.$$

これで定理の証明は完了した.

上の定理によりアーベル拡大 M^n/k に対し $N(M^n/k)=U_n$ であるが，すべての U_n, $n\geq 1$, の共通集合は単位元1であるから

$$N(k_{ab}/k)=1$$

となる. 即ち§5.3, 定理2の別証が得られたわけである. この§5.3, 定理2が存在定理(§6.3, 定理10)と本質的に同値であることは既に述べた. $N(M^n/k)=U_n$ は $NU(k_\pi{}^n/k)=U_n$ から得られたが，後者の証明には形式群に関する結果の他にアーベル拡大 $k_\pi{}^n/k$ に対する基本等式だけで十分である. そしてこの基本等式が有限次アーベル拡大に対する§5.1の考察から直ちに導かれることは同節の終りに説明した通りである. なお第5章の終りに述べた注意参照.

注意　定理1の証明の途中で同型 $\mathrm{Gal}(k_\pi{}^n/k)\simeq U/U_n$ が得られたが，この同型については定理2のあとで更に説明する.

定理2　局所体 k の素元を π とし，$\mathfrak{F}_\pi$ に属する任意の巾級数を $f(X)$ とする. k の基本写像を ρ_k, §5.3の位相同型を δ_k とする時，k の単数群 U の任意の元 u 及び E_f の任意の元 α に対し

$$\rho_k(u)(\alpha)=[u^{-1}]_f(\alpha),\qquad \delta_k(u)(\alpha)=[u]_f(\alpha).$$

証明　$\pi'=\pi u$ とする. 定理1の証明におけると同様に補題4, 5により $\omega^\varphi=\omega\circ[u]_f$ を満足する $\mathfrak{o}_{\bar{K}}[[X]]$ の巾級数 $\omega(X)$ が存在し

$$E_{f'}{}^n=\omega(E_f{}^n),\qquad f'(X)=[\pi']_f{}^\omega(X)$$

となる. よって $E_f{}^n$ の任意の元を α とし，$\alpha'=\omega(\alpha)\in E_{f'}{}^n$ とする. また

$$\sigma=\rho_k(u),\qquad \psi=\rho_k(\pi),\qquad \psi'=\rho_k(\pi')=\rho_k(\pi)\rho_k(u)=\psi\sigma=\sigma\psi$$

とおく. 定理1により $\pi\in N(k_\pi{}^n/k)$ であるから，§6.2, 定理5, ii) によって $\rho_k(\pi)|k_\pi{}^n=1$, $n\geq 0$. しかるに E_f の元 α は n を十分大きくとれば $k_\pi{}^n=k(E_f{}^n)$ に含まれるから $\alpha^\psi=\psi(\alpha)=\alpha$ となる. 同様に $\alpha'^{\psi'}=\psi'(\alpha')=\alpha'$. よって

$$\alpha^{\phi'} = (\alpha^{\phi})^{\sigma} = \alpha^{\sigma}.$$

また $\psi'|K=\psi|K=\varphi$ であるから，$\psi'|K$ は完備化 $\bar{K}$ の自己同型 $\varphi(=\bar{\varphi})$ に拡張される．故に $\alpha'=\omega(\alpha)$ 及び上述の等式により

$$\omega(\alpha) = \omega(\alpha)^{\phi'} = \omega^{\varphi}(\alpha^{\phi'}) = \omega^{\varphi}(\alpha^{\sigma}) = \omega\circ[u]_f(\alpha^{\sigma}).$$

しかるに ω は逆元 ω^{-1} を持つから，上より

$$\alpha = [u]_f(\alpha^{\sigma}).$$

従って

$$\sigma(\alpha) = \alpha^{\sigma} = [u^{-1}]_f(\alpha), \qquad \alpha \in E_f$$

が得られる．$\delta_k(u)=\rho_k(u^{-1})$ であるから定理は証明された．

定理1により $N(k_\pi{}^n/k)=\langle\pi\rangle\times U_n$ であるから§6.3，定理7によって k の基本写像 ρ_k は同型

$$\rho_{k'/k} : k^{\times}/N(k_\pi{}^n/k) = U/U_n \xrightarrow{\sim} \mathrm{Gal}(k_\pi{}^n/k)$$

をひきおこす．但し $k'=k_\pi{}^n$．また $NU(M^n/k)=U_n$ であるから§5.3により δ_k は同型

$$U/U_n \xrightarrow{\sim} \mathrm{Gal}(M^n/k_{ur})$$

をひきおこす．しかるに $k_\pi{}^n/k$ は完全分岐，即ち $k_\pi{}^n\cap k_{ur}=k$，であるから $\mathrm{Gal}(M^n/k_{ur})=\mathrm{Gal}(k_\pi{}^n/k)$ としてよい．よって δ_k もまた

$$U/U_n \xrightarrow{\sim} \mathrm{Gal}(k_\pi{}^n/k)$$

を定義する．この同型において $u \bmod U_n \mapsto \sigma$ とすれば定理2により，$E_f{}^n$ の任意の元 α に対し

$$\sigma(\alpha) = [u]_f(\alpha).$$

これと定理1の証明中に得られた同型

$$\mathrm{Gal}(k_\pi{}^n/k) \xrightarrow{\sim} U/U_n$$

の定義とを比べてみればこの二つの同型が互いに他の逆写像であることがわかる．

定理3 アーベル拡大 $k_\pi{}^n/k$ に対し，そのガロア群 $G=\mathrm{Gal}(k_\pi{}^n/k)$ の部分群

G_i, $i\geq 0$, を§1.4に述べた如く定義し，$\rho_{k'/k}: U/U_n \simeq \mathrm{Gal}(k_\pi{}^n/k)$ を上述の同型写像とする時，$q^{m-1}-1<i\leq q^m-1$, $0\leq m<n$, であれば

$$G_i = \rho_{k'/k}(U_m/U_n) = \mathrm{Gal}(k_\pi{}^n/k_\pi{}^m).$$

また $i\geq q^{n-1}$ ならば

$$G_i = 1.$$

証明　定理1の証明中に述べたように，$\alpha\in E_g{}^n$, $\alpha\notin E_g{}^{n-1}$, とすれば α は $k_\pi{}^n$ の素元であって $k_\pi{}^n=k(\alpha)$ となる．$u\in U_m$, $u\notin U_{m+1}$, $0\leq m<n$, 即ち

$$u = 1+x, \qquad x\in\mathfrak{p}^m,\ x\notin\mathfrak{p}^{m+1}$$

とし，また

$$\sigma = \rho_{k'/k}(u \bmod U_n), \qquad \alpha' = [x]_g(\alpha) = x\cdot\alpha$$

とおけば前定理及び§7.1の注意により

$$\sigma(\alpha) = [u]_g(\alpha) = [1+x]_g(\alpha) = \alpha\dot{+}x\cdot\alpha = F_g(\alpha,\alpha')$$

$$= \alpha+\alpha'+\sum_{i,j=1}^{\infty} a_{ij}\alpha^i\alpha'^j, \qquad a_{ij}=a_{ji}\in\mathfrak{o}.$$

$k'=k_\pi{}^n$ の正規付値を ν' とすれば $\alpha\in E_g{}^n\subseteq\mathfrak{m}_g\cap k'$ であるから $\nu'(\alpha)>0$. よって上の等式より

$$\nu'(\sigma(\alpha)-\alpha) = \nu'(\alpha')$$

が得られる．一方 $x\in\mathfrak{p}^m$, $x\notin\mathfrak{p}^{m+1}$ 及び同型(2)：$\mathfrak{o}/\mathfrak{p}^n\simeq E_g{}^n=\mathfrak{o}\cdot\alpha$ より $\mathfrak{p}^{n-m}\cdot\alpha'=0$, $\mathfrak{p}^{n-m-1}\cdot\alpha'\neq 0$, 即ち

$$\alpha'\in E_g{}^{n-m}, \qquad \alpha'\notin E_g{}^{n-m-1}.$$

従って，定理1の証明中に見たように α' は $k_\pi{}^{n-m}$ の素元である．しかるに $k_\pi{}^n/k_\pi{}^{n-m}$ は次数 q^m の完全分岐拡大であるから，$k_\pi{}^{n-m}$ の素元 α' に対しては $\nu'(\alpha')=q^m$, 即ち

$$\nu'(\sigma(\alpha)-\alpha) = q^m.$$

よって G_i, $i\geq 0$, の定義により，$u\in U_m$, $u\notin U_{m+1}$, $0\leq m<n$, であれば

$$\rho_{k'/k}(u \bmod U_n)\in G_i,\ 0\leq i<q^m, \qquad \rho_{k'/k}(u \bmod U_n)\notin G_{q^m}$$

となることが証明された．これから容易に，$q^{m-1}-1<i\leq q^m-1$, $0\leq m<n$, に対し

$$G_i = \rho_{k'/k}(U_m/U_n)$$

となることがわかる．次に $\sigma\in G_i$, $i\geq q^{n-1}$, とし，$\sigma=\rho_{k'/k}(u \bmod U_n)$, $u\in U$, とおけば上述の結果により $u\in U_n$ でなければならぬ．よって $\sigma=1$. 従って $G_i=1$, $i\geq q^{n-1}$, も証明された．最後に $\rho_{k'/k}(U_m/U_n)=\mathrm{Gal}(k_\pi{}^n/k_\pi{}^m)$ は定理1より明らかである．

上の定理3の拡張として，一般に k' を k 上の任意の有限次アーベル拡大体とし，そのガロア群を $G=\mathrm{Gal}(k'/k)$ とする時，k'/k に対して§1.4において定義された G の部分群列 G_i, $i\geq 0$, と定理1の M^n を用いて定義される別の部分群列 $G^j=\mathrm{Gal}(k'/k'\cap M^j)$, $j\geq 0$, との間の関係を具体的に記述することが出来る(Herbrandの定理)．本書ではこの定理を含めて，一般に局所体の共役差積や分岐群に関する精密な結果を論ずることが出来なかったが，それについては Artin [1]，Serre [11] 等を参照されたい．

再び π を局所体 k の任意の素元とし，$f(X)$ を $\mathfrak{F}_\pi$ に含まれる任意の巾級数とする．$E_f{}^{n-1}\subseteq E_f{}^n$, $k_\pi{}^n=k(E_f{}^n)$ であるから

$$k = k_\pi{}^0 \subseteq k_\pi{}^1 \subseteq \cdots \subseteq k_\pi{}^n \subseteq \cdots \subseteq \Omega.$$

よってすべての $k_\pi{}^n$, $n\geq 0$, の和集合 k_π は k 上のアーベル拡大体である：

$$k_\pi = \bigcup_{n\geq 0} k_\pi{}^n = k(E_f), \qquad k \subseteq k_\pi \subseteq k_{ab}.$$

$N(k_\pi{}^n/k)=\langle\pi\rangle\times U_n$ より直ちに

$$N(k_\pi/k) = \langle\pi\rangle$$

が得られる．

定理4 k の基本写像を $\rho_k: k^\times\to\mathrm{Gal}(k_{ab}/k)$ とすれば k_π は $\rho_k(\pi)$ により不変な k_{ab} の元の全体と一致する．よって§4.3，補題7から

$$k_{ur}\cap k_\pi = k, \qquad k_{ur}k_\pi = k_{ab}.$$

証明 $\psi=\rho_k(\pi)$ とし，ψ により不変な k_{ab} の元の全体の成す部分体を F_ψ とする(§6.1)．$\pi\in N(k_\pi{}^n/k)$ であるから§6.3，定理7により $\rho_k(\pi)\in\mathrm{Gal}(k_{ab}/k_\pi{}^n)$,

即ち $\psi|k_{\pi^n}=\rho_k(\pi)|k_{\pi^n}=1$ がすべての $n\geq 0$ に対して成立する．よって $\psi|k_\pi=1$，$k_\pi\subseteq F_\psi$．逆に $k\subseteq k'\subseteq F_\psi$，$[k':k]<+\infty$，とすれば，$\psi|k'=1$，$\psi=\rho_k(\pi)$ であるから再び§6.3，定理7により $\pi\in N(k'/k)$，従って

$$N(k'/k)=\langle\pi\rangle\times NU(k'/k)$$

となる．$NU(k'/k)$ は $U=U(k)$ の開部分群であって，$\{U_n\}_{n\geq 0}$ は U における1の基本近傍系を成すから n が十分大きければ $U_n\subseteq NU(k'/k)$．よってこのような n に対しては

$$N(k_{\pi^n}/k)=\langle\pi\rangle\times U_n\subseteq N(k'/k).$$

故に§6.3，定理8により

$$k\subseteq k'\subseteq k_{\pi^n}\subseteq k_\pi.$$

これが上述のすべての k' に対して成立するから $F_\psi\subseteq k_\pi$ が得られ，従って $k_\pi=F_\psi$ となる．定理の後半もこの $k_\pi=F_\psi$ と§4.3，補題7とから明らかである．

注意　本質的には同じことであるが，$k_\pi=F_\psi$ の証明は次のようにしても得られる．§6.3において k 上のすべての有限次アーベル拡大体 k' と $k^\times$ のすべての有限指数の閉部分群 H との間に1対1の対応 $k'\mapsto H=N(k'/k)$ が定義されることを述べたが，これを拡張して k 上のすべてのアーベル拡大体と $k^\times$ のすべての閉部分群との間にも同様な1対1の対応をつけることが出来る．一方，$\pi\in N(F_\psi/k)$，$KF_\psi=k_{ab}$ より $N(F_\psi/k)=\langle\pi\rangle$ が容易に証明される．よって $N(k_\pi/k)=N(F_\psi/k)=\langle\pi\rangle$ から $k_\pi=F_\psi$ が得られる．

さて $k^\times=\langle\pi\rangle\times U$ であるから基本写像 $\rho_k: k^\times\to\mathrm{Gal}(k_{ab}/k)$ は $\rho_k(\pi)$ 及び $\rho_k(u)$，$u\in U$，により完全に決定される．しかるに定理4により $k_{ab}=k_{ur}k_\pi$ であるから $\rho_k(\pi)$ はまた $\rho_k(\pi)|k_{ur}$ 及び $\rho_k(\pi)|k_\pi$ により確定するが，§6.2，定理5及び上の定理4により

$$\rho_k(\pi)|k_{ur}=k_{ur}/k \text{ の Frobenius 自己同型}, \qquad \rho_k(\pi)|k_\pi=1.$$

同様に $\rho_k(u)$，$u\in U$，は $\rho_k(u)|k_{ur}$ 及び $\rho_k(u)|k_\pi$ により確定し，

$$\rho_k(u)|k_{ur}=\delta_k(u^{-1})|k_{ur}=1$$

となるが，一方 $\rho_k(u)$ の $k_\pi=k(E_f)$ における作用，即ち $\rho_k(u)$ の E_f に対する作用は定理 2 により

$$\rho_k(u)(\alpha) = [u^{-1}]_f(\alpha), \qquad \alpha \in E_f$$

によって与えられる．即ち定理 2, 4 は k の基本写像 ρ_k がある意味で，即ち巾級数 $[u]_f(X)$, $u \in U$, を既知とすれば，具体的に記述されることを示すものである．なお以上のことは $k=\boldsymbol{Q}_p$ の場合に次章において更に詳しく説明する．

第8章　局所円分体

局所円分体は局所体の最も手近な，しかし或る意味では最も典型的な例である．本章ではまず前章の結果を用いて局所円分体の基本的な性質を明らかにし，次いでノルム剰余記号を一般に定義し，特に局所円分体に対して Artin–Hasse の公式を証明する．局所円分体についてはなお他にも興味ある結果が知られているが，ここではこの特別な場合を具体的に考察することによりこれまで述べてきた一般論に対する理解を一層深めることを主眼とした．

§8.1　局所円分体

一般に任意の体 F に1の n 乗根をすべて添加して得られる体を F 上の**円の n 分体**と呼ぶ．これが F 上の有限次アーベル拡大体であることはよく知られている．以下 p を任意の素数，n を任意の自然数とし，p 進数体 $\boldsymbol{Q}_p$ 上の円の n 分体を考察する．このような体は一般に**局所円分体**と呼ばれる．$\boldsymbol{Q}_p$ は勿論局所体であるから，局所円分体は局所体上の有限次アーベル拡大体の例を与えるわけである．これまでのように $\boldsymbol{Q}_p$ の代数的閉包 Ω を一つ固定し，任意の $n\geq 1$ に対し Ω に含まれる1の n 乗根の全体を W_n とする:

$$W_n = \{\zeta \mid \zeta \in \Omega,\ \zeta^n=1\}.$$

Ω は標数0の代数的閉体であるから W_n は位数 n の巡回乗法群である．以下 (Ω に含まれる) $\boldsymbol{Q}_p$ 上の円の n 分体を

$$\boldsymbol{C}_n = \boldsymbol{Q}_p(W_n)$$

とする．

さて前章に述べた形式群の一般論において特に

$$k=\boldsymbol{Q}_p, \qquad \pi=p$$

としてみる．$\boldsymbol{Q}_p$ の剰余体は $\boldsymbol{Z}_p/p\boldsymbol{Z}_p=\boldsymbol{Z}/p\boldsymbol{Z}$ であるから，その元の数は p，即ち $q=p$ である．よって

$$f(X)=(X+1)^p-1=X^p+pX^{p-1}+\cdots+pX$$

は§7.2の $\mathfrak{F}_p(=\mathfrak{F}_\pi)$ に属す．$F(X,Y)=(X+1)(Y+1)-1$ とすれば $f(F(X,Y))=F(f(X),f(Y))$ となることは直ちに確かめられるから，§7.2の定義により $F=F_f$，即ち

$$F_f(X,Y)=(X+1)(Y+1)-1=X+Y+XY.$$

また任意の $a\in\boldsymbol{Z}_p$ に対し

$$\phi_a(X)=(X+1)^a-1=\sum_{m=1}^{\infty}\binom{a}{m}X^m, \qquad \binom{a}{m}=\frac{a(a-1)\cdots(a-m+1)}{m!}$$

とおけば

$$f\circ\phi_a=\phi_a\circ f, \qquad \phi_a(X)\equiv aX \mod \deg 2$$

となるから，再び定義(§7.2，補題3)により $\phi_a(X)=[a]_f$，即ち

$$[a]_f(X)=(X+1)^a-1=\sum_{m=1}^{\infty}\binom{a}{m}X^m, \qquad a\in\boldsymbol{Z}_p$$

を得る．$f=[\pi]_f=[p]_f$ であるから

$$f^{(n)}(X)=[p^n]_f(X)=(X+1)^{p^n}-1.$$

よって§7.3の $E_g{}^n$，$g(X)=X^q+\pi X$，の場合と同様に

$$E_f{}^n=\{\alpha\mid\alpha\in\Omega,\ f^{(n)}(\alpha)=0\}=\{\alpha\mid\alpha\in\Omega,\ (\alpha+1)^{p^n}=1\}$$
$$=\{\zeta-1\mid\zeta\in W_{p^n}\}$$

となる．従って§7.3において一般に定義された k 上の有限次アーベル拡大体 $k_\pi{}^n=k(E_f{}^n)$ はこの場合

$$k_\pi{}^n=\boldsymbol{Q}_p(E_f{}^n)=\boldsymbol{Q}_p(W_{p^n})=C_{p^n}$$

となる．即ち局所円分体 C_{p^n} は§7.3の $k_\pi{}^n$ の特別な場合であることが知られる．よって $\boldsymbol{Q}_p$ の単数群 $U=U(\boldsymbol{Q}_p)$ の部分群 U_i，$i\geq 0$，を例により

$$U_0=U, \qquad U_i=1+p^i\boldsymbol{Z}_p, \qquad i\geq 1$$

により定義すれば，§7.3，定理1より次の結果が得られる：

定理1 局所円分体 $C_{p^n}=\boldsymbol{Q}_p(W_{p^n})$, $n\geq 1$, は $\boldsymbol{Q}_p$ 上の有限次完全分岐アーベル拡大体であって

$$[C_{p^n}:\boldsymbol{Q}_p]=(p-1)p^{n-1},\qquad N(C_{p^n}/\boldsymbol{Q}_p)=\langle p\rangle\times U_n.$$

従って $\boldsymbol{Q}_p$ の基本写像 $\rho:\boldsymbol{Q}_p^\times\to\mathrm{Gal}((\boldsymbol{Q}_p)_{ab}/\boldsymbol{Q}_p)$ は同型

$$\boldsymbol{Q}_p^\times/N(C_{p^n}/\boldsymbol{Q}_p)=U/U_n\xrightarrow{\sim}\mathrm{Gal}(C_{p^n}/\boldsymbol{Q}_p)$$

をひきおこす.

上述のようにこの定理は§7.3, 定理1から直ちに導かれたが, この場合にはそれを直接に, 即ち形式群の理論に依らないで, 証明することも比較的容易である. 次にそれを説明しよう. §4.1に述べたように, $\boldsymbol{Q}_p$ の代数的閉包 Ω の完備化を $\bar{\Omega}$ とし, $\boldsymbol{Q}_p$ の正規付値, 即ち p 進付値 ν_p, の $\bar{\Omega}$ における一意的延長を $\bar{\mu}$ とする. $\bar{\Omega}$ の元 ξ に対し p 進指数函数及び p 進対数函数をそれぞれ

$$\exp(\xi)=\sum_{n=0}^{\infty}\frac{1}{n!}\xi^n,$$

$$\log(1+\xi)=\sum_{n=1}^{\infty}\frac{(-1)^{n-1}}{n}\xi^n$$

により定義すれば, 周知のように, 右辺の巾級数はそれぞれ $\bar{\mu}(\xi)>\dfrac{1}{p-1}$ 乃至 $\bar{\mu}(\xi)>0$ の場合に $\bar{\Omega}$ 内で収束しかつ

$$\exp(\xi_1+\xi_2)=\exp(\xi_1)\exp(\xi_2),$$
$$\log((1+\xi_1)(1+\xi_2))=\log(1+\xi_1)+\log(1+\xi_2)$$

を満足する. しかも $\bar{\mu}(\xi)>\dfrac{1}{p-1}$ であれば

$$\bar{\mu}(\exp(\xi)-1)=\bar{\mu}(\xi),\qquad \log(\exp(\xi))=\xi,$$
$$\bar{\mu}(\log(1+\xi))=\bar{\mu}(\xi),\qquad \exp(\log(1+\xi))=1+\xi.$$

また ξ が $\boldsymbol{Q}_p$ 上の有限次拡大体 k の元ならば k は完備体であるから, $\exp(\xi)$ 乃至 $\log(1+\xi)$ も k の元となる. 特に $\boldsymbol{Q}_p$ に対しては, $p>2$, $\dfrac{1}{p-1}<1$, であれば, 加法群 $p\boldsymbol{Z}_p$ と乗法群 $U_1=1+p\boldsymbol{Z}_p$ との間の互いに逆な位相的同型写像

$$\exp:p\boldsymbol{Z}_p\xrightarrow{\sim}1+p\boldsymbol{Z}_p,\qquad \log:1+p\boldsymbol{Z}_p\xrightarrow{\sim}p\boldsymbol{Z}_p$$

が得られ, この同型により

$$U_1^{p^i} = U_{i+1} \xrightarrow{\sim} p^{i+1}\boldsymbol{Z}_p, \quad i \geq 0.$$

$p=2$ の時には $\dfrac{1}{p-1}=1$ であるから

$$\exp : 4\boldsymbol{Z}_2 \xrightarrow{\sim} 1+4\boldsymbol{Z}_2, \quad \log : 1+4\boldsymbol{Z}_2 \xrightarrow{\sim} 4\boldsymbol{Z}_2,$$

$$U_2^{2^i} = U_{i+2} \xrightarrow{\sim} 2^{i+2}\boldsymbol{Z}_2, \quad i \geq 0$$

となる．さて ζ を Ω に含まれる1の原始 p^n 乗根, $n\geq 1$, とし, $\alpha=\zeta-1$ とすれば

$$C_{p^n} = \boldsymbol{Q}_p(\zeta) = \boldsymbol{Q}_p(\alpha)$$

であるが, α は $\boldsymbol{Z}_p[X]$ に属する Eisenstein 多項式

$$h^{(n)}(X) = ((X+1)^{p^n}-1)/((X+1)^{p^{n-1}}-1) = X^{(p-1)p^{n-1}}+\cdots+p$$

の根であるから

$$[C_{p^n}:\boldsymbol{Q}_p] = (p-1)p^{n-1}, \quad p = N_{C_{p^n}/\boldsymbol{Q}_p}(-\alpha)$$

が得られ, C_{p^n} が $\boldsymbol{Q}_p$ 上の完全分岐アーベル拡大であって $\alpha=\zeta-1$ が C_{p^n} の素元であることがわかる．また上より

$$N(C_{p^n}/\boldsymbol{Q}_p) = \langle p\rangle \times NU(C_{p^n}/\boldsymbol{Q}_p), \quad \boldsymbol{Q}_p{}^\times/N(C_{p^n}/\boldsymbol{Q}_p) = U/NU(C_{p^n}/\boldsymbol{Q}_p),$$

従って $C_{p^n}/\boldsymbol{Q}_p$ に対する基本等式により

$$[U:NU(C_{p^n}/\boldsymbol{Q}_p)] = [C_{p^n}:\boldsymbol{Q}_p] = (p-1)p^{n-1}.$$

しかるに§3.1, 定理3により

$$U = V\times U_1, \quad V = W_{p-1}.$$

$p>2$ とすれば上の説明により $U_1\simeq p\boldsymbol{Z}_p$ であるから $NU(C_{p^n}/\boldsymbol{Q}_p)$ が U の開部分群であることに注意すれば, $[U:NU(C_{p^n}/\boldsymbol{Q}_p)]=(p-1)p^{n-1}$ より直ちに

$$NU(C_{p^n}/\boldsymbol{Q}_p) = U_n$$

が得られる．$p=2$ の場合には $V=1$, $U=U_1=\langle -1\rangle\times U_2$, $C_2=\boldsymbol{Q}_2(-1)=\boldsymbol{Q}_2$, $C_4=\boldsymbol{Q}_2(\sqrt{-1})$ であるから, $NU(C_2/\boldsymbol{Q}_2)=U_1$ は自明, また C_4 に対しては $U_2{}^2=U_3$, $5=N_{C_4/\boldsymbol{Q}_2}(1+2\sqrt{-1})\in NU(C_4/\boldsymbol{Q}_2)$ から $NU(C_4/\boldsymbol{Q}_2)=U_2$ が知られる．$n\geq 2$ であれば $NU(C_{2^n}/\boldsymbol{Q}_2)\subseteq NU(C_4/\boldsymbol{Q}_2)=U_2$ となるから $U_2\simeq 4\boldsymbol{Z}_2$ を用いて, 上と全く同様に $NU(C_{2^n}/\boldsymbol{Q}_2)=U_n$ が得られる．よって定理1は証明された.

先に説明したように, $k=\boldsymbol{Q}_p$, $\pi=p$ に対して $k_\pi{}^n=\boldsymbol{Q}_p(W_{p^n})=C_{p^n}$ であるか

ら，すべての W_{p^n}, $n\geq 1$, の和集合を W_{p^∞} とすれば，§7.3の k_π はこの場合 $\boldsymbol{Q}_p(W_{p^\infty})$ と一致する：

$$k_\pi = \boldsymbol{Q}_p(W_{p^\infty}).$$

W_{p^∞} は勿論 Ω に含まれる，位数が p の巾である1の巾根の全体である．よって Ω に含まれる1の巾根の全体を W_∞ とし，特に位数が p と素な1の巾根の全体を V_∞ とすれば

$$W_\infty = V_\infty \times W_{p^\infty}, \qquad \boldsymbol{Q}_p(W_\infty) = \boldsymbol{Q}_p(V_\infty)\boldsymbol{Q}_p(W_{p^\infty})$$

となる．しかるに§4.2により $\boldsymbol{Q}_p(V_\infty)$ は局所体 $\boldsymbol{Q}_p$ 上の最大不分岐拡大体である：

$$\boldsymbol{Q}_p(V_\infty) = (\boldsymbol{Q}_p)_{ur}.$$

また，$n|m$ ならば $W_n\subseteq W_m$, $C_n\subseteq C_m$ となるから，$\boldsymbol{Q}_p(W_\infty)$ はすべての $C_n=\boldsymbol{Q}_p(W_n)$, $n\geq 1$, の和集合である．故に§7.3，定理4の等式 $k_{ab}=k_{ur}k_\pi$ より次の定理が得られる：

定理2　p 進数体 $\boldsymbol{Q}_p$ 上の最大アーベル拡大体 $(\boldsymbol{Q}_p)_{ab}$ は $\boldsymbol{Q}_p(W_\infty)$, 即ちすべての局所円分体 $C_n=\boldsymbol{Q}_p(W_n)$, $n\geq 1$, の和集合と一致する：

$$(\boldsymbol{Q}_p)_{ab} = \boldsymbol{Q}_p(W_\infty).$$

従って $\boldsymbol{Q}_p$ 上の任意の有限次アーベル拡大体 k は適当な自然数 n を取る時，局所円分体 C_n に含まれる：$\boldsymbol{Q}_p\subseteq k\subseteq C_n$.

次に p と素な自然数を n とすれば $W_n\subseteq V_\infty$, $C_n\subseteq\boldsymbol{Q}_p(V_\infty)$ となるから $C_n/\boldsymbol{Q}_p$ は不分岐拡大であるが，その次数 $[C_n:\boldsymbol{Q}_p]$ は有限環 $\boldsymbol{Z}/n\boldsymbol{Z}$ の乗法群 $(\boldsymbol{Z}/n\boldsymbol{Z})^\times$ における $p \bmod n$ の位数に等しい．証明は読者の練習問題とする．（なお次節の補題2参照.）一般に n を任意の自然数とし $n=n'p^a$, $(n',p)=1$, $a\geq 0$, とおけば $C_n=C_{n'}C_{p^a}$ となることは明白であるが，上の注意により $C_{n'}/\boldsymbol{Q}_p$ は不分岐，また定理1により $C_{p^a}/\boldsymbol{Q}_p$ は完全分岐であるから $C_{n'}\cap C_{p^a}=\boldsymbol{Q}_p$. 従って特に

$$[C_n:\boldsymbol{Q}_p] = [C_{n'}:\boldsymbol{Q}_p][C_{p^a}:\boldsymbol{Q}_p].$$

故に上の注意と定理1とにより次数 $[C_n:\boldsymbol{Q}_p]$ が計算される．

注意 一般にp局所体kの標数がpであればkに含まれる1の巾根の位数は常にpと素である．よって上に述べたと同じ理由により，k上の円分体はすべて不分岐拡大体となり，逆もまた成り立つ．一方kの標数が0であれば，§3.1，定理1により，kは$\boldsymbol{Q}_p$の有限次拡大体であって，k上の円のn分体は合成体$kC_n=k(W_n)$となる．局所体上の円分体のうち特に$C_n=\boldsymbol{Q}_p(W_n)$を取り上げて考察する理由がこれによってよく諒解されることと思う．

さて一般にXを各元の位数が素数pの巾であるようなアーベル加法群とする．$a\in\boldsymbol{Z}_p$, $x\in X$とする時，自然数nがp進位相に関してaに十分近ければnxはXの同一の元を与えるから，$ax=nx$と定義することによりXを$\boldsymbol{Z}_p$加群とすることが出来る．しかもXに疎な位相を与えれば$(a, x)\mapsto ax$は$\boldsymbol{Z}_p\times X$からXへの連続写像となる．この注意を特に乗法群W_{p^∞}に適用すればW_{p^∞}は$\boldsymbol{Z}_p$を作用素環として持ち，任意の$a\in\boldsymbol{Z}_p$及び$\zeta\in W_{p^\infty}$に対しW_{p^∞}の元ζ^aが定義される．一方$\zeta\in W_{p^n}$, 即ち$\alpha=\zeta-1\in E_f{}^n\subseteq\mathfrak{m}_f$とすれば

$$[a]_f(\alpha)=\sum_{m=1}^{\infty}\binom{a}{m}\alpha^m$$

となり，右辺の級数はC_{p^n}内で収束する．aが自然数であればこの級数の値が$(\alpha+1)^a-1=\zeta^a-1$となることは明らかであるが，aに関する連続性により同じことが任意の$a\in\boldsymbol{Z}_p$に対しても成立する．即ちζ^aを上述のように一般に定義する時

$$[a]_f(\alpha)=\zeta^a-1$$

がすべての$a\in\boldsymbol{Z}_p$, $\zeta\in W_{p^n}$, $\alpha=\zeta-1\in E_f{}^n$に対して成り立つ．

定理3 局所体$\boldsymbol{Q}_p$の基本写像を

$$\rho:\boldsymbol{Q}_p{}^{\times}\longrightarrow \mathrm{Gal}((\boldsymbol{Q}_p)_{ab}/\boldsymbol{Q}_p)$$

とし，$\boldsymbol{Q}_p$の単数群$U=U(\boldsymbol{Q}_p)$の任意の元をuとする時，W_{p^∞}のすべての元ζに対して

$$\rho(u)(\zeta)=\zeta^{u^{-1}}.$$

証明　$\sigma=\rho(u)$, $\zeta\in W_{p^n}$ とする．§7.3, 定理2により $\alpha=\zeta-1\in E_f{}^n$ に対して

$$\sigma(\alpha)=[u^{-1}]_f(\alpha)=\zeta^{u^{-1}}-1.$$

$\sigma(\alpha)=\sigma(\zeta)-1$ であるから定理の等式が得られる．

この定理により x を $\boldsymbol{Q}_p{}^\times$ の元とする時，$\rho(x)$ の $(\boldsymbol{Q}_p)_{ab}=\boldsymbol{Q}_p(W_\infty)$ における作用，即ち $\rho(x)$ の W_∞ に対する作用，を具体的に書き表わすことが出来る．次にそれを説明しよう．(§7.3の終りの一般的注意参照.)　W_∞ の任意の元を

$$\omega=\eta\zeta, \qquad \eta\in V_\infty,\ \zeta\in W_{p^\infty}$$

と書く．一般に k を任意の局所体とする時，U の元 u に対しては $\rho_k(u)=\delta_k(u^{-1})$, $\rho_k(u)|k_{ur}=1$, $k_{ur}=k(V_\infty)$, であるから今の場合特に $\rho(u)(\eta)=\eta$ となり，定理3を用いれば

$$\rho(u)(\omega)=\eta\zeta^{u^{-1}}, \qquad u\in U$$

が得られる．一方 $\phi=\rho(p)$ とすれば§7.3, 定理4により $\boldsymbol{Q}_p(W_{p^\infty})=k_\pi=F_\phi$ となるから $\rho(p)(\zeta)=\zeta$. また ϕ は $(\boldsymbol{Q}_p)_{ur}=\boldsymbol{Q}_p(V_\infty)$ の上では $(\boldsymbol{Q}_p)_{ur}/\boldsymbol{Q}_p$ の Frobenius 自己同型 φ と一致するから，§4.2により $\phi(\eta)=\varphi(\eta)=\eta^p$. よって

$$\rho(p)(\omega)=\eta^p\zeta.$$

故に一般に $x=p^m u$, $m\in\boldsymbol{Z}$, $u\in U$, とすれば

$$\rho(x)(\omega)=\eta^{p^m}\zeta^{u^{-1}}, \qquad \omega=\eta\zeta\in W_\infty$$

となり，$\rho(x)$ の W_∞ における作用が具体的に決定される．

注意　定理3は初めは(大局的)類体論の結果を用いて証明されたが，後に局所体にのみ依存する証明が Dwork により与えられた．それはここで紹介した形式群による証明の原型と見られる．しかしいずれの方法によってもこの定理の証明は定理1の場合のように簡単ではない．

さて有理数体 $\boldsymbol{Q}$ 上の最大アーベル拡大体を $\boldsymbol{Q}_{ab}$ とすれば，周知の Kronecker の定理により，$\boldsymbol{Q}_{ab}$ はすべての1の巾根を $\boldsymbol{Q}$ に添加することにより得られる．即ち定理2に類似の結果が有理数体 $\boldsymbol{Q}$ に対しても成立する．次に定理2の応

用として，上述の Kronecker の定理を証明しよう．但しここでは代数体に関する二，三の基本的性質を既知のものと仮定する．

$\boldsymbol{Q}$ 上の任意の有限次アーベル拡大体を F とし，F において分岐する素数の全体を $p_1, \cdots, p_s$ とする．$F\boldsymbol{Q}_{p_i}$ $(1 \leq i \leq s)$ は $\boldsymbol{Q}_{p_i}$ 上の有限次アーベル拡大体であるから，定理2により，適当な自然数 n_i をとる時，$\boldsymbol{Q}_{p_i}$ 上の円の n_i 分体に含まれる．次に

$$n = \prod_{i=1}^{s} n_i = \prod_{j=1}^{t} q_j^{a_j}, \qquad a_j \geq 1$$

とおく．但し $q_1, \cdots, q_t$ は相異なる素数．$\boldsymbol{Q}$ 上の円の n 分体を K とし，$L=FK$ とすれば，L もまた $\boldsymbol{Q}$ 上の有限次アーベル拡大体となる．以下，各素数 p に対し，p の L における分岐指数，即ち局所拡大 $L\boldsymbol{Q}_p/\boldsymbol{Q}_p$ の分岐指数，e_p を計算する．

i) $p=p_i$ $(1 \leq i \leq s)$ の場合．この場合 n と n_i の定義から $F\boldsymbol{Q}_{p_i} \subseteq K\boldsymbol{Q}_{p_i}$，従って $L\boldsymbol{Q}_{p_i}=K\boldsymbol{Q}_{p_i}$．よって e_{p_i} は p_i の K における分岐指数に等しい．p_i は F で分岐するから $e_{p_i}>1$．一方 K は円の n 分体であったから，$e_{p_i}>1$ ならば $p_i|n$，即ち p_i は $q_1, \cdots, q_t$ のいずれかと一致する．よって $p_i=q_j$ とすれば，円の n 分体 K の性質により $e_{p_i}=e_{q_j}=\varphi(q_j^{a_j})$．但し φ はここでは Euler の函数とする．

ii) $p \neq p_1, \cdots, p_s$ かつ $p=q_j$ $(1 \leq j \leq t)$ の場合．p は F で不分岐であるから $e_p=e_{q_j}$ は q_j の K における分岐指数に等しく，上と同様に $e_p=e_{q_j}=\varphi(q_j^{a_j})$．

iii) $p \neq q_1, \cdots, q_t$ の場合．i)により $p \neq p_1, \cdots, p_s$．従って p は $L=FK$ において不分岐で，$e_p=1$．

さて q_j の L における惰性体を L_j とすれば，i), ii) より $[L:L_j]=e_{q_j}=\varphi(q_j^{a_j})$，$1 \leq j \leq t$．また iii) によりすべての素数 p が $\bigcap_{j=1}^{t} L_j$ において不分岐である．よって Minkowski の定理により

$$\bigcap_{j=1}^{t} L_j = \boldsymbol{Q}.$$

従って

$$[L:\boldsymbol{Q}] \leq \prod_{j=1}^{t} [L:L_j] = \prod_{j=1}^{t} \varphi(q_j{}^{a_j}) = \varphi(n) = [K:\boldsymbol{Q}].$$

$\boldsymbol{Q} \subseteq K \subseteq L$ であるから，これより

$$K = L, \quad F \subseteq K$$

を得る．F は $\boldsymbol{Q}$ 上の任意の有限次アーベル拡大体であり，K は円分体であるから，これで Kronecker の定理は証明された．

§8.2 ノルム剰余記号

一般に F を任意の体，A を任意のアーベル乗法群とする時，次の条件 i), ii) を満足する写像

$$(\ ,\ ) : F^{\times} \times F^{\times} \longrightarrow A$$

を A に値をとる F 上の**記号**(symbol) と呼ぶ[1)]：

i) $F^{\times}$ の任意の元 x, y, x', y' に対し

$$(x, yy') = (x, y)(x, y'), \quad (xx', y) = (x, y)(x', y),$$

ii) $x \neq 0, 1$ であれば

$$(x, 1-x) = 1.$$

次に記号 (x, y) の簡単な性質を説明する．まず i) より

$$(1, x) = (x, 1) = 1, \quad (x, y^{-1}) = (x^{-1}, y) = (x, y)^{-1}.$$

また ii) は，$x \neq 0, 1$ の時 $(1-x, x)=1$ と言っても同じことである．

補題 1

i) $(x, -x) = 1, \quad (x, y)(y, x) = 1,$

ii) $z=x+y \neq 0$ ならば $(x, y) = (x, z)(z, y)(-1, z).$

証明 i) $x \neq 1$ としてよい．$(x, 1-x)=1$，$(x, 1-x^{-1})^{-1}=(x^{-1}, 1-x^{-1})=1$ より

1) 記号の一般論については Milnor [10] 参照．

$$(x,-x)=\left(x,\frac{1-x}{1-x^{-1}}\right)=(x,1-x)(x,1-x^{-1})^{-1}=1.$$

よって，$(x,y)=(x,y)(x,-x)=(x,-xy)$．同様に，$(y,x)=(y,-yx)$．故に，$(x,y)(y,x)=(xy,-xy)=1$．

ii)　$(x/z,y/z)=(x/z,1-x/z)=1$ であるから

$$(x,y)(z,y)^{-1}(x,z)^{-1}(z,z)=1$$

となるが，ここに，$(z,z)=(z,-1)(z,-z)=(z,-1)=(-1,z)^{-1}$．

今後上の体 F が特に局所体である場合を考察するが，そのためまず次の補題を証明しておく．

補題2　任意の局所体 k に含まれる1の巾根の全体 W は有限巡回群である．k を p 局所体とし，k の剰余体 $\mathfrak{k}$ の元の数を q とすれば，W の位数 w は

$$w=(q-1)p^a,\qquad a\geq 0$$

と書かれる．特に k の標数が p であれば $w=q-1$．

証明　p 局所体 k の単数群を U とすれば k の正規付値 ν は同型 $k^\times/U\simeq\boldsymbol{Z}$ をひきおこすから明らかに $W\subseteq U$．§3.1，定理3により $U=V\times U_1$．ここに V は位数 $q-1$ の U の部分群であるから勿論 $V\subseteq W$．しかるに同節の注意により U_1 は射影 p 群であって，m が p と素ならば $u\mapsto u^m$ は U_1 の自己同型を与える．故に V は k に含まれる p と素な位数を持つ1の巾根の全体であることがわかる．k の標数が p であれば k に含まれる1の巾根の位数は常に p と素であるから上より直ちに $W=V$, $w=q-1$ が得られる．次に k の標数が0で，k が1の原始 p^n 乗根を含むとすれば $\boldsymbol{Q}_p\subseteq C_{p^n}=\boldsymbol{Q}_p(W_{p^n})\subseteq k$．従って定理1により

$$(p-1)p^{n-1}=[C_{p^n}:\boldsymbol{Q}_p]\leq[k:\boldsymbol{Q}_p]$$

となるから n は有界である．故に上述の V に関する注意と併せて，W が有限群で $w=(q-1)p^a$, $a\geq 0$, となることがわかる．$k^\times$ の有限部分群 W は勿論巡回群である．

さて以下局所体 k は1の原始 n 乗根を含むものとし，k に含まれる1の n 乗根の全体を W_n とする．即ち補題2において

$$n|w, \qquad W_n \subseteq W.$$

y を $k^\times$ の任意の元とし，k の代数的閉包 Ω に含まれる y の任意の n 乗根を $\sqrt[n]{y}$ と書けば，上の仮定により $k(\sqrt[n]{y})/k$ はアーベル拡大である．即ち

$$k \subseteq k(\sqrt[n]{y}) \subseteq k_{ab}.$$

よって $\rho_k: k^\times \to \mathrm{Gal}(k_{ab}/k)$ を例により k の基本写像とし，$k^\times$ の任意の元 x に対して $\sigma=\rho_k(x)$ とする時，

$$(\sqrt[n]{y})^{\sigma-1} = \sigma(\sqrt[n]{y})/\sqrt[n]{y}$$

が定義される．これが1の n 乗根，即ち W_n の元であることは $y^{\sigma-1}=1$ より明白であるが，一方 y の二つの n 乗根の商はやはり W_n の元であって，従って σ により不変であるから，上の元 $(\sqrt[n]{y})^{\sigma-1}$ は x と y とだけに依存することがわかる．よって

$$(x, y)_n = (\sqrt[n]{y})^{\sigma-1}, \qquad \sigma = \rho_k(x)$$

と定義することにより写像

$$(\ \ ,\ \ )_n : k^\times \times k^\times \longrightarrow W_n$$

が得られる．

補題3　上の $(x,y)_n$ は W_n に値をとる k 上の記号である．

証明　$\sqrt[n]{yy'}=\sqrt[n]{y}\sqrt[n]{y'}$ より $(x, yy')=(x, y)(x, y')$ は明白．$\sigma=\rho_k(x)$, $\sigma'=\rho_k(x')$，従って $\sigma\sigma'=\rho_k(xx')$ とすれば，$(\sqrt[n]{y})^{\sigma'-1}\in W_n$ より

$$\begin{aligned}(xx', y)_n &= (\sqrt[n]{y})^{\sigma\sigma'-1} = (\sqrt[n]{y})^{\sigma-1}((\sqrt[n]{y})^{\sigma'-1})^{\sigma} = (\sqrt[n]{y})^{\sigma-1}(\sqrt[n]{y})^{\sigma'-1}\\ &= (x,y)(x',y).\end{aligned}$$

次に $x\neq 0,1$ とし $k'=k(\sqrt[n]{x})$, $d=[k':k]$ とおけば $d|n$ であって，η が1の d 乗根の上を動く時，$\eta\sqrt[n]{x}$ は $\sqrt[n]{x}$ の k 上の共役元の全体を与える．よって $W_n=\langle\zeta\rangle$ とすれば

$$1-x = \prod_{i=1}^{n}(1-\zeta^i\sqrt[n]{x}) = \prod_{i=1}^{n/d}\prod_{\eta}(1-\eta\zeta^i\sqrt[n]{x})$$

$$= N_{k'/k}\left(\prod_{i=1}^{n/d}(1-\zeta^i\sqrt[n]{x})\right) \in N(k'/k).$$

故に§6.2, 定理5により $\rho_k(1-x)|k'=1$. 従って $(1-x, x)_n=1$.

$(x, y)_n$ を局所体 k における n 次の**ノルム剰余記号**と呼ぶ.

注意　k における n 次のノルム剰余記号は $(x, y)_n=(\sqrt[n]{x})^{\sigma-1}$, $\sigma=\rho_k(y)$, により定義されることもある. 補題1によりこのようにして定義された $(x, y)_n$ は上に定義した $(x, y)_n$ の逆元となるから二つの定義の間に本質的な違いはない.

定理4　局所体 k における n 次のノルム剰余記号を $(x, y)_n$ とする.

i)　$(x, y)_n = 1 \Longleftrightarrow x \in N(k(\sqrt[n]{y})/k) \Longleftrightarrow y \in N(k(\sqrt[n]{x})/k)$,

ii)　$(x, k^\times)_n = 1 \Longleftrightarrow (k^\times, x)_n = 1 \Longleftrightarrow x \in (k^\times)^n$,

iii)　$(x, y)_n$ は二変数 x, y の関数として p 進位相に関して連続である.

証明　i)

$$(x, y)_n = 1 \Longleftrightarrow \rho_k(x)|k(\sqrt[n]{y}) = 1 \Longleftrightarrow x \in N(k(\sqrt[n]{y})/k)$$
$$\Longleftrightarrow (y, x)_n = 1 \Longleftrightarrow y \in N(k(\sqrt[n]{x})/k) \qquad (§6.3,\ 定理7).$$

ii)　明らかに $x\in(k^\times)^n \Longrightarrow (x, k^\times)_n=(k^\times, x)_n=1$. 次に $x\notin(k^\times)^n$ とすれば $k'=k(\sqrt[n]{x})\neq k$, $\mathrm{Gal}(k'/k)\neq 1$. 従って $\rho_{k'/k}: k^\times/N(k'/k)\simeq \mathrm{Gal}(k'/k)$ により $\rho_k(y)|k'\neq 1$ を満足する $y\in k^\times$ が存在し

$$(y, x)_n = (\sqrt[n]{x})^{\sigma-1} \neq 1, \qquad \sigma = \rho_k(y).$$

故に $(k^\times, x)_n\neq 1$, $(x, k^\times)_n\neq 1$.

iii)　k を $\mathfrak{p}$ 局所体としその標数を p とすれば $n|w$ 及び補題2により n は p と素である. よって§3.1, 補題2により k の標数が0であっても p であっても $k^{\times n}$ は $k^\times$ の開部分群となる. 故にii)により $(x, y)_n$ は x, y に関して連続である.

上の定理によりノルム剰余記号 $(x, y)_n$ は局所体 k に対して自然な非退化,

歪対称，双1次形式

$$k^\times/k^{\times n}\times k^\times/k^{\times n}\longrightarrow W_n$$

を定義することがわかる．一般に体Fが1の原始n乗根を含めばF上の指数(exponent) nのアーベル拡大体に対してはKummer拡大の理論が適用されるが，特にFが局所体であればこのようなアーベル拡大体は局所類体論によっても扱うことも出来る．即ち同じ拡大体がKummer拡大の理論と局所類体論とから考察されるわけで，この二つの理論の交錯する所に生じたのがノルム剰余記号$(x, y)_n$乃至上の双1次形式である．なお$n=w$の場合に$(x, y)_n$が局所体kにおける最も一般な連続的記号として特徴付けられることも知られている．(C. Mooreの定理，Milnor [10]，Appendix参照.)

次に$(x, y)_n$が局所体kにどのように依存するかを示す公式を二つ紹介する．まずσを§6.2のはじめに述べたような局所体(k, ν)から(k', ν')への同型写像とする．σはkに含まれる1のn乗根の全体W_nをk'における同様な集合W_n'の上に写像するから，k'におけるn次のノルム剰余記号

$$(\ ,\ )_n' : k'^\times\times k'^\times\longrightarrow W_n'$$

が定義され，しかも

$$(x, y)_n{}^\sigma=(x^\sigma, y^\sigma)_n', \qquad x, y\in k^\times$$

が成立する．証明はノルム剰余記号の定義及び§6.2，定理2，即ち$\rho_{k'}(x^\sigma)=\sigma\rho_k(x)\sigma^{-1}$，$x\in k^\times$，より明らかである．次に$k'$を$k$の任意の有限次拡大体とすれば勿論$W_n\subseteq k'^\times$であるから

$$(\ ,\ )_n' : k'^\times\times k'^\times\longrightarrow W_n$$

が定義されるが，ここでまた公式

$$(x', y)_n'=(N_{k'/k}(x'), y)_n, \qquad x'\in k'^\times,\ y\in k^\times$$

が成り立つ．証明は上と同様に§6.2，定理3，即ち$\rho_{k'}(x')|k_{ab}=\rho_k(N_{k'/k}(x'))$，から直ちに導かれる．

さてk, nを上の通りとし，$m|n$，$m\geq 1$，とすれば$W_m\subseteq W_n\subseteq k^\times$であるから

勿論 k における m 次のノルム剰余記号 $(x,y)_m$ が定義されるが，明らかに $\sqrt[m]{y}=(\sqrt[n]{y})^{n/m}$ より

$$(x,y)_m=(x,y)_n{}^{n/m}$$

が得られる．よって一般に

$$n=n_1n_2,\qquad n_1,\ n_2\geq 1,\qquad (n_1,n_2)=1$$

と仮定し

$$an_1+bn_2=1,\qquad a,\ b\in \boldsymbol{Z}$$

とする時，上の公式より

$$(x,y)_n=(x,y)_n{}^{an_1+bn_2}=(x,y)_{n_2}{}^a(x,y)_{n_1}{}^b,\qquad x,\ y\in k^\times$$

となる．故に $(x,\,y)_n$ の値を求めることは $(x,\,y)_{n_1}$ 及び $(x,\,y)_{n_2}$ の計算に帰着させられる．従って p 局所体 k に含まれる 1 の巾根の全体を W とし，W の位数 w を補題 2 により

$$w=(q-1)p^a,\qquad a\geq 0$$

とおけば，k におけるすべてのノルム剰余記号は $(x,y)_{q-1}$ 及び $(x,\,y)_{p^a}$ により完全に記述される．

そこで，まず $(x,y)_{q-1}$ を考察する．補題 2 の証明中に述べたように $U=V\times U_1$ とし，また k の剰余体を $\mathfrak{k}$ とすれば，§3.1, 補題 1, 系により $V\simeq\mathfrak{k}^\times$ であるから，V の元である $(x,\,y)_{q-1}$ は $\mathfrak{k}=\mathfrak{o}/\mathfrak{p}$ におけるその剰余類により確定する．よって $(x,y)_{q-1}$ の値は次の定理によって与えられると言ってよい．即ち：

定理 5　局所体 k の正規付値を ν とし，k の剰余体 $\mathfrak{k}=\mathfrak{o}/\mathfrak{p}$ の元の数を q とする時，$k^\times$ の任意の元 x,y に対し

$$(x,y)_{q-1}\equiv(-1)^{\nu(x)\nu(y)}x^{-\nu(y)}y^{\nu(x)}\mod\mathfrak{p}.$$

証明　上の合同式の両辺は x,y に関してそれぞれ乗法的である．また $k^\times$ は k の素元の集合 $\{\pi\}$ により生成される．よって合同式を k の素元 $x=\pi$ 及び $y=-u\pi$, $u\in U$, に対して証明すれば十分である．この場合左辺は補題 1 を用いて

$$(\pi,\,-u\pi)_{q-1}=(\pi,u)_{q-1}(\pi,\,-\pi)_{q-1}=(\pi,u)_{q-1},$$

また右辺は明らかに u となる．§3.1により $U=V\times U_1$, $U_1{}^{q-1}=U_1$ であるから $u=vu_1{}^{q-1}$, $v\in V$, $u_1\in U_1$, $u_1\equiv 1 \mod \mathfrak{p}$, とすれば $k'=k(\sqrt[q-1]{u})=k(\sqrt[q-1]{v})\subseteq k(V_\infty)=k_{ur}$. 一方 $\rho_k(\pi)|k_{ur}$ は k_{ur}/k の Frobenius 自己同型 φ に等しい．よって V_∞ の元 η に対しては $\eta^\varphi=\eta^q$ であること(§4.2参照)に注意すれば

$$(\pi, u)_{q-1}=(\sqrt[q-1]{u})^{\varphi-1}=(\sqrt[q-1]{v})^{\varphi-1}=v\equiv u \mod \mathfrak{p}.$$

これで定理は証明された．

注意　任意の $x, y\in k^\times$ に対し V の元 $s(x, y)$ を合同式

$$s(x, y)\equiv(-1)^{\nu(x)\nu(y)}x^{-\nu(y)}y^{\nu(x)} \mod \mathfrak{p}$$

により定義して，この $s(x, y)$ が V に値をとる k 上の記号であることを直接に，即ちノルム剰余記号の性質を用いないで，証明することも出来る．(Milnor [10]，p. 98参照.)

次に $(x, y)_{p^a}$ を考える．$a=0$ であれば勿論恒等的に $(x, y)_{p^a}=1$ となるから，$a\geq 1$ と仮定してよい．この場合補題2により k は標数0の p 局所体であって，かつ1の原始 p^a 乗根 ζ, $a\geq 1$, を含む：

$$\boldsymbol{Q}_p\subseteq \boldsymbol{Q}_p(\zeta)\subseteq k.$$

しかしながらこのような k におけるノルム剰余記号 $(x, y)_{p^a}$ に対しては上の定理に対応する簡単な一般的結果は知られていない．よってここでは一例として，非常に特別な場合であるが，k が $\boldsymbol{Q}_p$ 上の円の p 分体であって，かつ $a=1$ の場合，即ち

$$k=C_p=\boldsymbol{Q}_p(\zeta), \qquad \zeta^p=1,\ \zeta\neq 1$$

における $(x, y)_p$ を考察する．

まず $p=2$ としよう．即ち

$$k=C_2=\boldsymbol{Q}_2(-1)=\boldsymbol{Q}_2, \qquad \zeta=-1.$$

前節に述べたようにこの場合

$$\boldsymbol{Q}_2{}^\times=\langle 2\rangle\times U=\langle 2\rangle\times\langle -1\rangle\times U_2, \qquad U=U_1,\ U_2{}^2=U_3$$

となる．$U=U_1$ の任意の元 u に対し

$$\varepsilon(u)=\frac{u-1}{2},\qquad \eta(u)=\frac{u^2-1}{8}$$

とおけば $\varepsilon(u)$, $\eta(u)$ は $\boldsymbol{Z}_2$ に属し，かつ明らかに

$$\begin{aligned}
u&\equiv 1 &\mod 4 &\Longrightarrow \varepsilon(u)\equiv 0 &\mod 2,\\
u&\equiv -1 &\mod 4 &\Longrightarrow \varepsilon(u)\equiv 1 &\mod 2,\\
u&\equiv \pm 1 &\mod 8 &\Longrightarrow \eta(u)\equiv 0 &\mod 2,\\
u&\equiv \pm 3 &\mod 8 &\Longrightarrow \eta(u)\equiv 1 &\mod 2.
\end{aligned}$$

従って

$$\varepsilon(uv)\equiv\varepsilon(u)+\varepsilon(v)\mod 2,\qquad \eta(uv)\equiv\eta(u)+\eta(v)\mod 2.$$

定理 6 u, v を $U=U(\boldsymbol{Q}_2)$ の任意の元とする時

$$(u,v)_2=(-1)^{\varepsilon(u)\varepsilon(v)},\qquad (u,2)_2=(2,u)_2=(-1)^{\eta(u)},\qquad (2,2)_2=1.$$

証明 $(x,y)_2=\pm 1$ であるから $(y,x)_2=(x,y)_2^{-1}=(x,y)_2$ となることにまず注意する．上の注意により $(-1)^{\varepsilon(u)\varepsilon(v)}$, $(-1)^{\eta(u)}$ は共に u について乗法的であって，しかも $u \mod 8$ にのみ依存する．一方 $U_3=U_2^2$, $U/U_3=(\boldsymbol{Z}_2/8\boldsymbol{Z}_2)^\times$ であるから $(u,v)_2$, $(u,2)_2$ も $u \mod 8$ にのみ依存する．よって $u=-1$ 及び $u=5$ に対してだけ上の公式を証明すれば十分である．

まず $u=-1$, $\varepsilon(-1)=-1$, $\eta(-1)=0$ の場合を考える．前節の定理 1 により $N(\boldsymbol{Q}_2(\sqrt{-1})/\boldsymbol{Q}_2)=N(C_2/\boldsymbol{Q}_2)=\langle 2\rangle\times U_2$ であるから定理 4, i) により $(-1,2)_2=1=(-1)^{\eta(-1)}$．また $(-1,v)_2=1 \Longleftrightarrow v\in U_2 \Longleftrightarrow v\equiv 1 \mod 4$．しかるに $(-1,v)_2=\pm 1$ であるから上より $(-1,v)_2=(-1)^{\varepsilon(v)}=(-1)^{\varepsilon(-1)\varepsilon(v)}$ となる．

次に $u=5$, $\varepsilon(5)=2$, $\eta(5)=3$ とする．α を X^2+X-1 の根，即ち $\alpha=\dfrac{-1+\sqrt{5}}{2}$, とすれば $\boldsymbol{Q}_2(\sqrt{5})=\boldsymbol{Q}_2(\alpha)$ であるが，X^2+X-1 は $\boldsymbol{Q}_2$ の剰余体 $\boldsymbol{Z}/2\boldsymbol{Z}$ 上の多項式として既約であるから $\boldsymbol{Q}_2(\alpha)/\boldsymbol{Q}_2$ は 2 次の不分岐拡大であることがわかる．故に §3.3, 補題 4 により $N(\boldsymbol{Q}_2(\sqrt{5})/\boldsymbol{Q}_2)=\langle 4\rangle\times U$．従って $2\notin N(\boldsymbol{Q}_2(\sqrt{5})/\boldsymbol{Q}_2)$ であるから定理 4, i) により $(5,2)_2=-1=(-1)^{\eta(5)}$．また $(5,v)_2=1=(-1)^{\varepsilon(5)\varepsilon(v)}$．

最後に補題 1 を用いて $(2,2)_2=(-1,2)_2(-2,2)_2=(-1,2)_2=1$．これで定理の

証明は完了した.

さて次には $p>2$ の場合を考察するわけであるが，この場合には $(x, y)_p$ に対して Artin-Hasse の美しい公式がある．それを証明する準備として，次節においてまず局所体における微分子とそれによって定義される準同型について説明する.

§8.3 局所体における微分子

一般に k_0 を任意の局所体とし，k_0 の有限次完全分岐拡大体を k とする．k_0, k の正規付値及び剰余体をそれぞれ ν_0, $\mathfrak{k}_0=\mathfrak{o}_0/\mathfrak{p}_0$ 乃至 ν, $\mathfrak{k}=\mathfrak{o}/\mathfrak{p}$ とし，また k の素元を一つ定めて π とする: $\mathfrak{p}=(\pi)$. π を根とする $k_0[X]$ の既約多項式を

$$h(X) = X^d+c_1X^{d-1}+\cdots+c_d$$

とすれば§1.3の注意により $k=k_0(\pi)$ であるから

$$d = [k:k_0], \qquad c_d = \pm N_{k/k_0}(\pi), \qquad \nu_0(c_d) = 1$$

となる．即ち c_d は k_0 の素元である．また§1.2，補題4により π は $\mathfrak{o}_0$ に関する整元であって，従って $h(X)$ は多項式環 $\mathfrak{o}_0[X]$ に属す．さて k/k_0 は完全分岐であるから§1.3により

$$\mathfrak{o} = \mathfrak{o}_0[[\pi]]$$

となる．よって $\mathfrak{o}_0$ の元を係数とする X の整級数の全体を例により $\mathfrak{o}_0[[X]]$ と書けば $\mathfrak{o}_0$ 上の環の全射準同型

$$\begin{array}{ccc} \mathfrak{o}_0[[X]] & \longrightarrow & \mathfrak{o} = \mathfrak{o}_0[[\pi]], \\ f(X) & \longmapsto & f(\pi) \end{array}$$

が得られる.

補題4 上の準同型の核は $h(X)$ により生成される $\mathfrak{o}_0[[X]]$ の単項イデアルである.

証明 $h(\pi)=0$ であるから $h(X)$ は核に含まれる．$f(X)=\sum_{n=0}^{\infty} a_nX^n \in \mathfrak{o}_0[[X]]$,

$f(\pi)=\sum_{n=0}^{\infty} a_n\pi^n=0$ とすれば $a_0=-\sum_{n=1}^{\infty} a_n\pi^n$ より $\nu(a_0)>0$，従って $\nu_0(a_0)\geq 1$．しかるに $\nu_0(c_d)=1$ であったから $a_0=b_0c_d$，$b_0\in\mathfrak{o}_0$．よって $f_1(X)=f(X)-b_0h(X)$ とおけば $f_1(X)$ は勿論 $\mathfrak{o}_0[[X]]$ に属し，かつ b_0 の定義及び $f(\pi)=h(\pi)=0$ により

$$f_1(X)=\sum_{n=1}^{\infty} a_n'X^n, \qquad f_1(\pi)=0.$$

従って $a_1'=-\sum_{n=2}^{\infty} a_n'\pi^{n-1}$ より再び $\nu_0(a_1')\geq 1$，$a_1'=b_1c_d$，$b_1\in\mathfrak{o}_0$，が得られ，$f_2(X)=f_1(X)-b_1Xh(X)=f(X)-(b_0+b_1X)h(X)$ とする時

$$f_2(X)\in\mathfrak{o}_0[[X]], \qquad f_2(X)=\sum_{n=2}^{\infty} a_n''X^n, \qquad f_2(\pi)=0$$

となる．以下同様にして $\mathfrak{o}_0$ の元 $b_2, b_3, \cdots$ が順次に定まり

$$f(X)=\left(\sum_{n=0}^{\infty} b_nX^n\right)h(X)$$

となることは明白であろう．これで補題は証明された．

上の既約多項式 $h(X)$ の導函数 $h'(X)=dh/dX$ は勿論また $\mathfrak{o}_0[X]$ に属すから $h'(\pi)$ は $\mathfrak{o}$ の元である．$h'(\pi)$ により生成される $\mathfrak{o}$ の単項イデアルを $\mathfrak{d}$ とする：

$$\mathfrak{d}=(h'(\pi)).$$

次に k の別の素元を π_1 とし，π_1 を根とする $\mathfrak{o}_0[X]$ の既約多項式を $h_1(X)$ とすれば明らかに

$$\pi_1=\omega(\pi), \qquad \omega(X)=\sum_{n=1}^{\infty} w_nX^n, \qquad \nu_0(w_1)=0,$$
$$h_1(\omega(\pi))=h_1(\pi_1)=0.$$

よって補題 4 により

$$h_1(\omega(X))=g(X)h(X), \qquad g(X)\in\mathfrak{o}_0[[X]].$$

この両辺を X に関して微分して $X=\pi$ とおけば

$$h_1'(\pi_1)\omega'(\pi)=g(\pi)h'(\pi)$$

が得られるが，ここに $\omega'(\pi)=w_1+2w_2\pi+\cdots$，$\nu_0(w_1)=0$，であるから

$$\nu(\omega'(\pi))=0.$$

従って $\omega'(\pi)\in U$ であって，上の等式から $h_1'(\pi_1)$ が $\mathfrak{d}=(h'(\pi))$ に含まれること

がわかる．全く同様な理由により $h'(\pi)$ は $(h_1'(\pi_1))$ に含まれる．よって

$$\mathfrak{d} = (h'(\pi)) = (h_1'(\pi_1)).$$

即ち $\mathfrak{d}$ は k の素元 π の選び方に依存しないで拡大 k/k_0 だけによって定まる $\mathfrak{o}$ のイデアルである．実際 k/k_0 が分離拡大であれば上の $\mathfrak{d}$ は一般に k/k_0 の**共役差積**と呼ばれるイデアルに他ならないがここでは説明を省略する[2)]．k/k_0 が非分離拡大ならば $h'(\pi)=0$, $\mathfrak{d}=0$ となることに注意．

さて α を $\mathfrak{o}$ の任意の元とし

$$\alpha = f(\pi) = g(\pi), \qquad f(X),\ g(X) \in \mathfrak{o}_0[[X]]$$

とすれば補題4により

$$f(X)-g(X) = u(X)\,h(X), \qquad u(X) \in \mathfrak{o}_0[[X]].$$

よって再び両辺を X につき微分して $X=\pi$ とおけば

$$f'(\pi)-g'(\pi) = u(\pi)\,h'(\pi),$$

従って

$$f'(\pi) \equiv g'(\pi) \mod \mathfrak{d}$$

となる．故に $f'(\pi)$ を含む $\mathfrak{o}/\mathfrak{d}$ の剰余類は α により確定し，写像

$$D_\pi : \mathfrak{o} \longrightarrow \mathfrak{o}/\mathfrak{d}, \quad \alpha \longmapsto f'(\pi) \bmod \mathfrak{d}$$

が定義されるが，D_π は明らかに $\mathfrak{o}_0$ 加群の準同型であって

(1)
$$D_\pi(\alpha\beta) = \alpha D_\pi(\beta)+D_\pi(\alpha)\beta, \qquad \alpha, \beta \in \mathfrak{o},$$
$$D_\pi(\pi) = 1 \mod \mathfrak{d}$$

を満足する．即ち D_π は $\mathfrak{o}/\mathfrak{d}$ に値をとる $\mathfrak{o}$ 上の $\mathfrak{o}_0$ **微分子**(derivation)である．しかも D_π がこのような微分子 D のうちで $D(\pi)=1 \bmod \mathfrak{d}$ を満足する唯一のものであることも容易にわかる．

次に k の単数群 U の任意の元 α に対し

---

2) 先にも注意したが，共役差積については Artin [1]，Serre [11] 等を参照されたい．

$$\delta_\pi(\alpha) = \frac{D_\pi(\alpha)}{\alpha} = \frac{f'(\pi)}{\alpha} \mod \mathfrak{d}$$

とおく．$\dfrac{1}{\alpha}\in\mathfrak{o}$ であるから右辺は $\mathfrak{o}/\mathfrak{d}$ の元であって，また(1)より

$$\delta_\pi(\alpha\beta) = \delta_\pi(\alpha)+\delta_\pi(\beta), \qquad \alpha, \beta \in U,$$

即ち

$$\delta_\pi : U \longrightarrow \mathfrak{o}/\mathfrak{d}$$

は乗法群 U から加法群 $\mathfrak{o}/\mathfrak{d}$ への準同型を与える．しかるに $k^\times=\langle\pi\rangle\times U$ であるから

$$\delta_\pi(\pi) = \frac{1}{\pi} \mod \mathfrak{d}$$

とおくことにより，上の $\delta_\pi: U\to\mathfrak{o}/\mathfrak{d}$ は更に準同型

$$\delta_\pi : k^\times \longrightarrow \mathfrak{p}^{-1}/\mathfrak{d}, \qquad \mathfrak{p}^{-1} = \frac{1}{\pi}\mathfrak{o},$$

に一意的に拡張される．次に $\mathfrak{o}$ の任意の元 $\alpha\neq 0$ に対して $\delta_\pi(\alpha)$ を計算する方法を説明する．仮定により $\nu(\alpha)=m\geq 0$．よって $\alpha=\pi^m\beta$，$\beta=g(\pi)\in U$，$g(X)\in\mathfrak{o}_0[[X]]$ とし $f(X)=X^m g(X)$ とおけば

$$\text{(2)} \qquad \alpha = f(\pi), \qquad f(X) = \sum_{n=m}^{\infty} a_n X^n, \qquad a_n \in \mathfrak{o}_0, \qquad \nu_0(a_m) = 0$$

となる．逆に $f(X)$ が上述のような巾級数であれば $f(X)=X^m g(X)$，$g(X)\in\mathfrak{o}_0[[X]]$，とする時，$\alpha=\pi^m\beta$，$\beta=g(\pi)\in U$ となる．さて $f(X)=X^m g(X)$ を微分して $X=\pi$ とおき，α で割れば

$$\frac{f'(\pi)}{\alpha} = \frac{m}{\pi} + \frac{g'(\pi)}{\beta}$$

となる．よって $\dfrac{f'(\pi)}{\alpha}$ は $\mathfrak{p}^{-1}$ に属し，$\delta_\pi(\pi)=\dfrac{1}{\pi} \mod \mathfrak{d}$，$\delta_\pi(\beta)=\dfrac{g'(\pi)}{\beta} \mod \mathfrak{d}$ より

$$\delta_\pi(\alpha) = \frac{f'(\pi)}{\alpha} \mod \mathfrak{d}$$

が得られる．即ち $\mathfrak{o}$ の任意の元 $\alpha\neq 0$, $\nu(\alpha)=m\geq 0$, が与えられた時，α を(2)の形に書き表わせば，$\delta_\pi(\alpha)$ は α が U の元である場合と全く同じ式によって与

えられることがわかる．

さて $\alpha, f(X)$ を上述の通りとする時，$\alpha=f(\pi)$ であるから $\dfrac{f'(\pi)}{\alpha}$ は形式的に $\dfrac{1}{\alpha}\dfrac{d\alpha}{d\pi}$ と書くことが出来る．$\dfrac{f'(\pi)}{\alpha}$ は α ばかりでなく α を表わす巾級数 $f(X)$ のとり方に依存するから，それを $\dfrac{1}{\alpha}\dfrac{d\alpha}{d\pi}$ と書くことは正確な記法とは言えないが，$\dfrac{f'(\pi)}{\alpha}$ を含む $\mathfrak{p}^{-1}/\mathfrak{d}$ の剰余類だけが問題となる場合には不都合は起らない．よって今後誤解のおそれのない場合には一般に $k^\times$ の元 α に対しても，$\mathfrak{p}^{-1}/\mathfrak{d}$ の剰余類 $\delta_\pi(\alpha)$ に含まれる任意の元を便宜上

$$\frac{1}{\alpha}\frac{d\alpha}{d\pi}$$

と書き表わすことにする．従って

$$\begin{aligned}\delta_\pi : k^\times &\longrightarrow \quad \mathfrak{p}^{-1}/\mathfrak{d},\\ \alpha &\longmapsto \frac{1}{\alpha}\frac{d\alpha}{d\pi} \ \bmod \mathfrak{d}.\end{aligned}$$

また π_1 を k の別の素元とし，前述のように $\pi_1=\omega(\pi)$ とすれば $\dfrac{d\pi_1}{d\pi}=\omega'(\pi)$ は U の元であって

$$\frac{1}{\alpha}\frac{d\alpha}{d\pi} \equiv \frac{1}{\alpha}\frac{d\alpha}{d\pi_1}\frac{d\pi_1}{d\pi} \quad \bmod \mathfrak{d}, \qquad \alpha\in k^\times$$

が成立する．即ち

$$\delta_\pi(\alpha) = \frac{d\pi_1}{d\pi}\delta_{\pi_1}(\alpha), \qquad \alpha\in k^\times.$$

注意　$\dfrac{1}{\alpha}\dfrac{d\alpha}{d\pi}$ はまた形式的には α の対数的導函数 $\dfrac{d}{d\pi}\log\alpha$ に等しいが，これについて次のことを注意する必要がある．即ち k の標数が 0 であれば §8.1 に述べたように $U_1=1+\mathfrak{p}$ の元 α に対しては $\log\alpha$ が定義され，もしも更に $\log\alpha$ が $\mathfrak{o}$ の元であって $\log\alpha=g(\pi)$, $g(X)\in\mathfrak{o}_0[[X]]$，とすれば $g'(\pi)=\dfrac{d}{d\pi}\log\alpha$ も定義されるが，この $g'(\pi)$ は上の $\dfrac{1}{\alpha}\dfrac{d\alpha}{d\pi}$ と必ずしも $\bmod \mathfrak{d}$ で合同ではない．このような実例は次節に述べる．

§8.4 Artin-Hasseの公式

以下pを任意の奇素数，$p>2$，とし，$\boldsymbol{Q}_p$上の円のp分体$C_p=\boldsymbol{Q}_p(W_p)$を考察する．$W_p$の生成元，即ち$C_p$に含まれる1の原始$p$乗根，$\zeta$を固定して

$$\pi = 1-\zeta$$

とおけば，πは明らかに$\boldsymbol{Z}_p[X]$のEisenstein多項式

$$h(X) = \frac{1-(1-X)^p}{X} = X^{p-1}-pX^{p-2}+\cdots+p \tag{3}$$

の根であるから$C_p=\boldsymbol{Q}_p(\zeta)=\boldsymbol{Q}_p(\pi)$は$\boldsymbol{Q}_p$上の次数$p-1$の完全分岐拡大であり，また$\pi$は$C_p$の素元であって$N_{C_p/\boldsymbol{Q}_p}(\pi)=p$となる．これらのことは既に§8.1において一般に説明したところである．$C_p/\boldsymbol{Q}_p$が完全分岐であるから前節の結果を

$$k_0 = \boldsymbol{Q}_p, \qquad k = C_p = \boldsymbol{Q}_p(\zeta)$$

及び上に定義した$\pi=1-\zeta$に対して用いることが出来る．$k=C_p$の正規付値及び剰余体をこれまで通りそれぞれν，$\mathfrak{k}=\mathfrak{o}/\mathfrak{p}$とすれば完全分岐性により$\mathfrak{k}$は$p$個の元から成る有限体，即ち$\mathfrak{k}=\boldsymbol{F}_p$，$q=p$，であって，また$\boldsymbol{Q}_p$の$p$進付値$\nu_p$に対し$\nu|\boldsymbol{Q}_p=(p-1)\nu_p$となる．故に

$$\nu(p) = p-1, \qquad p\mathfrak{o} = \mathfrak{p}^{p-1}.$$

よって$h'(\pi)\equiv(p-1)\pi^{p-2} \bmod p$より

$$\mathfrak{d} = (h'(\pi)) = \mathfrak{p}^{p-2}$$

が得られ，従って$\mathfrak{o}$加群として$\mathfrak{p}^{-1}/\mathfrak{d}\simeq\mathfrak{o}/\mathfrak{p}^{p-1}=\mathfrak{o}/p\mathfrak{o}$である．$k=C_p$の単数群$U$の部分群$U_i$，$i\geq 0$，を例により

$$U_0 = U, \qquad U_i = 1+\mathfrak{p}^i, \qquad i \geq 1$$

によって定義すれば$q=p$であるからU_i/U_{i+1}，$i\geq 1$，はいずれもp次の巡回群である．故に$\zeta\equiv 1 \bmod \mathfrak{p}$，$\zeta\not\equiv 1 \bmod \mathfrak{p}^2$より

$$k^\times = \langle\pi\rangle\times U, \qquad U = V\times U_1, \qquad U_1 = W_p\times U_2$$

となる．但しここにVは位数$p-1$の巡回群であって，$V\simeq\mathfrak{k}^\times$．また$\nu|\boldsymbol{Q}_p=(p-1)\nu_p$及び§8.1の注意によりexp及びlogは互いに逆な同型

$$\exp : \mathfrak{p}^2 \xrightarrow{\sim} U_2 = 1+\mathfrak{p}^2, \qquad \log : U_2 = 1+\mathfrak{p}^2 \xrightarrow{\sim} \mathfrak{p}^2$$

を定義する．よって特に $\log(1+\mathfrak{p}^2)^p = p\log(1+\mathfrak{p}^2) = p\mathfrak{p}^2 = \mathfrak{p}^{p+1} = \log(1+\mathfrak{p}^{p+1})$ より

$$U_1{}^p = U_2{}^p = U_{p+1}$$

を得る．$\log\alpha$ は U_1 の任意の元 α に対して定義されるが，$p\log\zeta = \log\zeta^p = \log 1 = 0$ より

$$\log\zeta = 0$$

となるから完全系列

$$1 \longrightarrow W_p \longrightarrow U_1 \xrightarrow{\log} \mathfrak{p}^2 \longrightarrow 1$$

が得られる．この完全系列が分裂して $U_1 = W_p \times U_2$ となるわけである．

注意 $\log\zeta=0$ であるから，勿論 $\dfrac{d}{d\pi}\log\zeta=0$．しかるに一方 $\zeta=1-\pi$ より $\dfrac{1}{\zeta}\dfrac{d\zeta}{d\pi} = -\dfrac{1}{\zeta}$．よってこの場合 $\dfrac{d}{d\pi}\log\zeta \not\equiv \dfrac{1}{\zeta}\dfrac{d\zeta}{d\pi} \bmod \mathfrak{d}$ である．(前節終りの注意参照.)

さて $k=C_p$ から $\boldsymbol{Q}_p$ へのトレースを $T=T_{C_p/\boldsymbol{Q}_p}$ とし，任意の $\alpha\in k^\times$，$\beta\in U_1=1+\mathfrak{p}$ に対して $\boldsymbol{Q}_p$ の元 $[\alpha,\beta]$ を

$$[\alpha,\beta] = -\frac{1}{p}T\left(\zeta\frac{1}{\alpha}\frac{d\alpha}{d\pi}\log\beta\right)$$

により定義する．$\dfrac{1}{\alpha}\dfrac{d\alpha}{d\pi}$ は $p^{-1}/\mathfrak{d}$ の剰余類としてのみ確定する元であるから $[\alpha,\beta]$ は与えられた α,β により必ずしも一意的に定まらない．しかしながら次の補題が成立する．

補題 5 $[\alpha,\beta]$ は $\boldsymbol{Z}_p$ に属し，$\boldsymbol{Z}_p/p\boldsymbol{Z}_p$ におけるその剰余類は α,β によって確定する．

証明 まず $T(\mathfrak{p})\subseteq p\boldsymbol{Z}_p$ に注意する．(§1.2 の終りの注意参照.) $\dfrac{1}{\alpha}\dfrac{d\alpha}{d\pi}\in\mathfrak{p}^{-1}$，$\log\beta\in\log U_1=\mathfrak{p}^2$ であるから

$$T\left(\zeta\frac{1}{\alpha}\frac{d\alpha}{d\pi}\log\beta\right)\in T(\mathfrak{p}^{-1}\mathfrak{p}^2)=T(\mathfrak{p})\subseteq p\boldsymbol{Z}_p.$$

故に $[\alpha,\beta]\in\boldsymbol{Z}_p$. また

$$T(\zeta\mathfrak{d}\log\beta)\subseteq T(\mathfrak{p}^{p-2}\mathfrak{p}^2)=T(p\mathfrak{p})\subseteq p^2\boldsymbol{Z}_p$$

であるから補題は証明された.

§8.1 の一般的注意により有限 p 群 W_p は $\boldsymbol{Z}_p$ を作用素環として持つが, $\zeta^p=1$ であるから上の補題によって

$$\zeta^{[\alpha,\beta]},\qquad \alpha\in k^\times,\ \ \beta\in U_1$$

は W_p の元を一意的に定義する. しかも

$$\begin{aligned}\delta_\pi: k^\times &\longrightarrow \quad \mathfrak{p}^{-1}/\mathfrak{d},\\ \alpha &\longmapsto \frac{1}{\alpha}\frac{d\alpha}{d\pi}\ \bmod \mathfrak{d}\end{aligned}$$

及び

$$\begin{aligned}\log: U_1 &\longrightarrow \mathfrak{p}^2,\\ \beta &\longmapsto \log\beta\end{aligned}$$

は共に乗法群から加法群への準同型であるから

$$(4)\qquad \begin{aligned}[][\alpha\alpha',\beta]&\equiv[\alpha,\beta]+[\alpha',\beta]\quad \bmod p\boldsymbol{Z}_p,\\ [\alpha,\beta\beta']&\equiv[\alpha,\beta]+[\alpha,\beta']\quad \bmod p\boldsymbol{Z}_p\end{aligned}$$

が成立し, $\zeta^{[\alpha,\beta]}$ は α 及び β に関して乗法的である.

次に特別な α,β に対して $[\alpha,\beta]$ の値を計算する. そのためまず次の補題を証明する.

補題 6 n,a を整数とし $2\leq 2p^a\leq n$ とする時, $n\neq p$ ならば

$$\frac{1}{p^{a+1}}T(\zeta\pi^{n-1})\equiv 0\quad \bmod p,$$

また $n=p\,(a=0)$ の場合には

$$\frac{1}{p}T(\zeta\pi^{p-1}) \equiv 1 \mod p.$$

証明　まず $2\leq n\leq p$, $a=0$, とすれば

$$\frac{1}{p}T(\zeta\pi^{n-1}) = \frac{1}{p}\sum_{i=0}^{n-1}(-1)^i\binom{n-1}{i}T(\zeta^{i+1}).$$

ここに $i+1\leq n\leq p$ であって，かつ

$$T(\zeta^{i+1}) = -1, \qquad i+1 < p,$$
$$= p-1, \qquad i+1 = p.$$

故に $n<p$ であれば

$$\frac{1}{p}T(\zeta\pi^{n-1}) = -\frac{1}{p}\sum_{i=0}^{n-1}(-1)^i\binom{n-1}{i} = -\frac{1}{p}(1-1)^{n-1} = 0.$$

また $n=p$ ならば

$$\frac{1}{p}T(\zeta\pi^{p-1}) = -\frac{1}{p}\sum_{i=0}^{p-1}(-1)^i\binom{p-1}{i}+\frac{p}{p} = 1.$$

次に $n>p$ とする．$T(\mathfrak{p})\subseteq p\mathbf{Z}_p$ 及び

$$\frac{1}{p^{a+1}}\zeta\pi^{n-1} \in \mathfrak{p}^{n-1-(a+1)(p-1)}$$

により $n-1-(a+1)(p-1)>0$ を証明すればよい．$a=0$ の場合にはこれは明白．よって $a\geq 1$ とすれば

$$\begin{aligned} n-1-(a+1)(p-1) &\geq 2p^a-1-(a+1)(p-1) = 2p^a-a(p-1)-p \\ &\geq p^a-a(p-1) = (1+(p-1))^a-a(p-1) \\ &= (1+a(p-1)+\cdots)-a(p-1) > 0. \end{aligned}$$

一般に任意の自然数 $i\geq 1$ に対し

$$\eta_i = 1-\pi^i$$

とおく．$[U_i:U_{i+1}]=p$ であるから，U_1/U_2 が $\zeta=1-\pi=\eta_1$ の剰余類によって生成されたように U_i/U_{i+1} は η_i の剰余類により生成される．

補題7　$j\geq 2$ とする時

$$[\pi, \eta_j] \equiv 0 \mod p, \qquad j \neq p,$$
$$\equiv 1 \mod p, \qquad j = p,$$

また任意の $i \geq 1$ に対し

$$[\eta_i, \eta_j] \equiv -\sum_{r,s} \frac{i}{s} \mod p.$$

但しここに右辺は $ri+sj=p$ を満足するすべての自然数 $r, s \geq 1$ に関する和である.

証明 まず定義により

$$[\pi, \eta_j] = -\frac{1}{p} T\left(\frac{\zeta}{\pi} \log(1-\pi^j)\right)$$
$$= \frac{1}{p} T\left(\frac{\zeta}{\pi} \sum_{s=1}^{\infty} \frac{\pi^{sj}}{s}\right) = \sum_{s=1}^{\infty} \frac{1}{p} \frac{1}{s} T(\zeta\pi^{sj-1}).$$

$p^a \| s$ とすれば $j \geq 2$ であるから $2 \leq 2p^a \leq sj$. よって補題6により $sj \neq p$ ならば

$$\frac{1}{p} \frac{1}{s} T(\zeta\pi^{sj-1}) \equiv 0 \mod p.$$

$sj=p$ となるのは $j=p$, $s=1$, $a=0$ の場合に限るが, この場合には再び同じ補題により

$$\frac{1}{p} \frac{1}{s} T(\zeta\pi^{sj-1}) = \frac{1}{p} T(\zeta\pi^{p-1}) \equiv 1 \mod p.$$

これで $[\pi, \eta_j]$ に関する公式は証明された. 次に上と同様に

$$[\eta_i, \eta_j] = -\frac{1}{p} T\left(\zeta \frac{-i\pi^{i-1}}{1-\pi^i} \log(1-\pi^j)\right)$$
$$= -\frac{1}{p} T\left(\zeta i \sum_{r=1}^{\infty} \pi^{ri-1} \sum_{s=1}^{\infty} \frac{1}{s} \pi^{sj}\right)$$
$$= -\frac{1}{p} \sum_{r,s \geq 1} T\left(\frac{i}{s} \zeta\pi^{ri+sj-1}\right).$$

故にまた $p^a \| s$, $2 \leq 2p^a \leq ri+sj$ とすれば補題6により $ri+sj \neq p$ の場合には

$$\frac{1}{p} T\left(\frac{i}{s} \zeta\pi^{ri+sj-1}\right) \equiv 0 \mod p.$$

一方 $ri+sj=p$, $a=0$ であれば $1 \leq r, s < p$ に注意して

$$\frac{1}{p}T\left(\frac{i}{s}\zeta\pi^{ri+sj-1}\right) \equiv \frac{i}{s} \mod p.$$

よって補題は証明された.

注意 $[\eta_i, \eta_j]$ に関する合同式は $j=1$, $\eta_j=\eta_1=1-\pi=\zeta$ に対しては必ずしも成立しない. 例えば $i=p-1$ の時, $[\eta_{p-1}, \eta_1]\equiv 0 \mod p$, $-\sum_{r,s}\frac{i}{s}\equiv 1 \mod p$.

さていよいよ $k=C_p$ における p 次のノルム剰余記号 $(\alpha, \beta)_p$ を考察する. 簡単のために今後しばらく $(\alpha, \beta)_p$ を (α, β) と書く.

補題8 $k(\sqrt[p]{\eta_p})$ は k 上の p 次の不分岐拡大体であって k_{ur}/k の Frobenius 自己同型を φ とする時

$$(\sqrt[p]{\eta_p})^{\varphi-1} = \zeta.$$

証明 $k'=k(\sqrt[p]{\eta_p})$ とし, k' の剰余体を $\mathfrak{k}'=\mathfrak{o}'/\mathfrak{p}'$ とする. $\zeta\in k$ であるから k'/k は次数1乃至 p の巡回拡大である. $\sqrt[p]{\eta_p}=1+\alpha\pi$, 即ち

$$\alpha = (\sqrt[p]{\eta_p}-1)/\pi$$

とおけば α は明らかに

$$\alpha^p+\sum_{i=1}^{p-1}\binom{p}{i}\frac{\pi^i}{\pi^p}\alpha^i+1 = 0$$

を満足する. ここに $\nu(p)=p-1$ であるから $1\leq i\leq p-1$ に対しては $\binom{p}{i}\pi^{i-p}\in\mathfrak{o}$. 故に§1.2, 補題4により $\alpha\in\mathfrak{o}'$. 一方 $h(\pi)=0$ であるから(3)により $\frac{p}{\pi^{p-1}}\equiv -1 \mod p$. よって上の等式から

$$\alpha^p-\alpha+1 \equiv 0 \mod \mathfrak{p}'$$

を得る. しかるに k の剰余体 $\mathfrak{k}$ は標数 p の素体 $\boldsymbol{F}_p$ であってかつ X^p-X+1 は $\boldsymbol{F}_p[X]$ において既約であるから, 上述により $[\mathfrak{k}':\mathfrak{k}]\geq p$ となる. 一方 $[k':k]\leq p$ であったから, これより $[k':k]=p$, $e=1$, $f=p$, 即ち k'/k が p 次の不分岐拡大であることがわかる. また上の合同式から

$$\alpha^\varphi \equiv \alpha^p \equiv \alpha-1 \mod \mathfrak{p}'.$$

故に

$$(\sqrt[p]{\eta_p})^{\varphi-1} = (1+\pi\alpha^{\varphi})(1+\pi\alpha)^{-1}$$
$$\equiv 1+\pi(\alpha^{\varphi}-\alpha) \mod \mathfrak{p}'^2$$
$$\equiv 1-\pi \equiv \zeta \mod \mathfrak{p}'^2.$$

$(\sqrt[p]{\eta_p})^{\varphi-1}$ は明らかに1のp乗根，即ちW_pの元，であるからk'/kが不分岐であることに注意して上より

$$(\sqrt[p]{\eta_p})^{\varphi-1} \equiv \zeta \mod \mathfrak{p}^2$$

が得られるが，$U_1=W_p\times U_2$であるから$(\sqrt[p]{\eta_p})^{\varphi-1}=\zeta$となる.

補題 9 $$(\pi, \eta_i) = 1, \quad i\geq 1,\ i \neq p,$$
$$= \zeta, \quad i=p.$$

証明 (α, β)はk上の記号であるから

$$(\pi, \eta_i)^i = (\pi^i, \eta_i) = (\pi^i, 1-\pi^i) = 1, \quad i\geq 1.$$

しかるに(π, η_i)は1のp乗根であるからiがpと素であれば上式より$(\pi, \eta_i)=1$となる．よって特に$1\leq i<p$の時には$(\pi, \eta_i)=1$. 前補題により$k(\sqrt[p]{\eta_p})/k$は不分岐拡大であるから$\rho_k(\pi)|k(\sqrt[p]{\eta_p})=\varphi$. 故に同じ補題を用いて

$$(\pi, \eta_p) = (\sqrt[p]{\eta_p})^{\varphi-1} = \zeta.$$

最後に$i\geq p+1$であれば$\eta_i\in U_i\subseteq U_{p+1}=U_2{}^p$, 及び定理4, ii)より明らかに$(\pi, \eta_i)=1$となる.

次に(η_i, η_j), $i, j\geq 1$, を考察する．以下互いに素な自然数の組$\{r, s\}$, $r, s\geq 1$, $(r, s)=1$, が与えられた時，$\{r_0, s_0\}$により$rs_0-sr_0=1$を満足する任意の整数の組を表わすことにする．このような整数の組$\{r_0, s_0\}$は与えられた$\{r, s\}$に対していくらでも存在するが，$\{r_0', s_0'\}$が同様に$rs_0'-sr_0'=1$を満足すれば

$$r_0' = r_0+ar, \quad s_0' = s_0+as, \quad a\in \boldsymbol{Z}$$

となる．よって

$$r_0'i+s_0'j = r_0i+s_0j+a(ri+sj).$$

しかるに前補題の証明中に述べたように任意の$t\geq 1$に対し$(\pi, \eta_t)^t=(\pi^t, \eta_t)=1$

となるから上より

$$(\pi, \eta_{ri+sj})^{r_0'i+s_0'j} = (\pi, \eta_{ri+sj})^{r_0 i+s_0 j}.$$

即ち $(\pi, \eta_{ri+sj})^{r_0 i+s_0 j}$ は $\{r_0, s_0\}$ の選び方に関係しない．また $ri+sj \geq r+s$ であるから有限個の組 $\{r, s\}$ を除いて $\eta_{ri+sj} \in U_2{}^p$，従って $(\pi, \eta_{ri+sj})=1$ となる．以上のことを注意して，次の補題が成立する．

補題 10 任意の $i, j \geq 1$ に対し

$$(\eta_i, \eta_j) = \prod_{r,s} (\pi, \eta_{ri+sj})^{r_0 i+s_0 j}.$$

ここに右辺は互いに素なすべての自然数の組 $\{r, s\}$ に関する積であって，また $\{r_0, s_0\}$ は上述の通りとする．

証明 補題の等式の右辺を一般に $\prod_{i,j}$ と書く：

$$\prod_{i,j} = \prod_{r,s} (\pi, \eta_{ri+sj})^{r_0 i+s_0 j}, \qquad i, j \geq 1.$$

上の注意により右辺の積は有限積であってかつその値は各 $\{r_0, s_0\}$ の選び方に無関係に定まる．まず次の二つの等式を証明しよう：

$$(5) \qquad (\eta_i, \eta_j) = (\eta_i, \eta_{i+j})(\eta_{i+j}, \eta_j)(\pi, \eta_{i+j})^j,$$

$$(6) \qquad \prod_{i,j} = \prod_{i,i+j} \prod_{i+j,j} (\pi, \eta_{i+j})^j.$$

$p>2$ であるから任意の $\alpha \in k^\times$ に対して $(-1, \alpha)=((-1)^p, \alpha)=1$．故に

$$\eta_i + \pi^i \eta_j = \eta_{i+j}$$

を用いれば§8.2，補題1により

$$(\eta_i, \pi^i \eta_j) = (\eta_i, \eta_{i+j})(\eta_{i+j}, \pi^i \eta_j).$$

しかるに $(\eta_i, \pi^i)=1$，$(\eta_{i+j}, \pi^i)=(\eta_{i+j}, \pi^j)^{-1}=(\pi, \eta_{i+j})^j$ であるから(5)が得られる．次に $\prod_{i,j}$ の積において $r=s$ の項，$r>s$ の項，$r<s$ の項を別々に考察する．$(r, s)=1$ であるから $r=s$ となるのは $r=s=1$ の他にはない．この場合に $r_0=0$，$s_0=1$ とすれば

$$(\pi, \eta_{ri+sj})^{r_0 i+s_0 j} = (\pi, \eta_{i+j})^j.$$

次に $r>s$ とし，$r'=r-s$，$s'=s$．即ち $r=r'+s'$，$s=s'$，とおけば $r', s' \geq 1$，$(r', s')=1$ となるが，$\{r, s\} \mapsto \{r', s'\}$ は $r>s$ を満足する互いに素な自然数のす

べての組 $\{r,s\}$ の集合から互いに素な自然数の組 $\{r',s'\}$ の全体への全単射を与える．しかも

$$(\pi,\eta_{ri+sj})^{r_0i+s_0j}=(\pi,\eta_{r'i+s'(i+j)})^{(r_0-s_0)i+s_0(i+j)},$$

$$r's_0-s'(r_0-s_0)=(r'+s')s_0-s'r_0=rs_0-sr_0=1$$

であるから $\prod_{i,j}$ の積において $r>s$ を満足する項の積は $\prod_{i,i+j}$ に等しい．同様に $\prod_{i,j}$ の積において $r<s$ を満足する項の積は $\prod_{i+j,j}$ である．よって(6)が証明された．

さて

$$q_{i,j}=(\eta_i,\eta_j)/\prod_{i,j},\qquad i,j\geq 1$$

とおく．$i+j>2p$ であれば $i\geq p+1$ 乃至 $j\geq p+1$．従って $\eta_i\in U_{p+1}=U_2{}^p$ 乃至 $\eta_j\in U_{p+1}=U_2{}^p$ となるから $(\eta_i,\eta_j)=1$．また $\eta_{ri+sj}\in U_{p+1}=U_2{}^p$ より $(\pi,\eta_{ri+sj})=1$，$\prod_{i,j}=1$．従って

$$q_{i,j}=1,\qquad i+j>2p.$$

しかるに(5), (6)の両辺の商をとれば

$$q_{i,j}=q_{i,i+j}q_{i+j,j},\qquad i,j\geq 1$$

が得られる．故に $i+j$ に関する帰納法により（但し帰納法は n から $n-1$ に向って用いる）$q_{i,j}=1$，即ち $(\eta_i,\eta_j)=\prod_{i,j}$，がすべての $i,j\geq 1$ に対して成立することがわかる．よって補題は証明された．

補題 11　任意の $i,j\geq 1$ に対し

$$(\eta_i,\eta_j)=\prod_{r,s}\zeta^{-i/s}.$$

ここに右辺は $ri+sj=p$ を満足するすべての自然数 $r,s\geq 1$ についての積である．

証明　補題9により，前補題の右辺の積において

$$(\pi,\eta_{ri+sj})=1,\qquad ri+sj\neq p,$$
$$=\zeta,\qquad ri+sj=p.$$

しかるに $ri+sj=p$ であれば $1\leq i,j,r,s<p$ かつ $j\equiv -ri/s \bmod p$，従って

$$r_0i+s_0j\equiv r_0i-s_0\frac{ri}{s}\equiv(r_0s-s_0r)\frac{i}{s}\equiv-\frac{i}{s}\quad \bmod p.$$

よって補題の等式は補題10より直ちに得られる．

以上の準備により目標とするArtin-Hasseの公式が容易に証明されるが，念のためここでこれまで述べてきた種々の定義をもう一度まとめておく．即ちpは任意の奇素数，$C_p=\boldsymbol{Q}_p(W_p)$は$\boldsymbol{Q}_p$上の円の$p$分体，$\zeta$は$C_p$に含まれる1の原始$p$乗根，$\pi=1-\zeta$は$C_p$の素元，$\mathfrak{p}$は$C_p$の最大イデアル，$(\alpha, \beta)_p$は$C_p$における$p$次のノルム剰余記号とし，また

$$[\alpha, \beta] = -\frac{1}{p}T\left(\zeta\frac{1}{\alpha}\frac{d\alpha}{d\pi}\log\beta\right), \qquad \alpha\in k^\times,\ \beta\in U_1 = 1+\mathfrak{p}$$

とする．ここにTは$C_p/\boldsymbol{Q}_p$のトレースであって，$[\alpha, \beta]$は$\bmod p\boldsymbol{Z}_p$で確定した値をとる$\boldsymbol{Z}_p$の元である．

定理7(**Artin-Hasse**) ${C_p}^\times$の任意の元α及び$1+\mathfrak{p}^2$の任意の元βに対し

$$(\alpha, \beta)_p = \zeta^{[\alpha, \beta]}.$$

証明 上の等式の左辺はC_pにおける記号であるからα, βに関して乗法的であるが，(4)により右辺も同様にα, βについて乗法的である．しかも両辺とも1のp乗根であるから$\alpha\in U_{p+1}={U_2}^p$乃至$\beta\in U_{p+1}={U_2}^p$であればその値は1となる．故に$k^\times/U_{p+1}$乃至$U_2/U_{p+1}$の各剰余類を代表する$\alpha$乃至$\beta$について等式を証明すれば十分である．さて前述のように

$${C_p}^\times = \langle\pi\rangle\times V\times U_1.$$

ここにVは$p-1$次の巡回群であるからVの元vは$v=v^p$を満足し，従って上の注意により

$$(v, \beta)_p = \zeta^{[v, \beta]} = 1.$$

一方U_i/U_{i+1}, $i\geq 1$, はη_iの剰余類により生成されるから結局

$$\alpha = \pi,\ \eta_i,\ i\geq 1; \qquad \beta = \eta_j,\ j\geq 2$$

に対してだけ定理の等式を証明すればよい．しかるに補題7, 9により

$$(\pi, \eta_j) = \zeta^{[\pi, \eta_j]}, \qquad j\geq 2.$$

また補題7, 11により

$$(\eta_i, \eta_j) = \zeta^{[\eta_i, \eta_j]}, \qquad i \geq 1,\ j \geq 2.$$

よって定理は証明された.

定理 8
$$(\alpha, \beta)_p = \zeta^{-\frac{1}{p}T\left(\frac{\zeta}{\alpha}\frac{d\alpha}{d\pi}\log\beta\right)}, \qquad \alpha \in 1+\mathfrak{p},\ \beta \in 1+\mathfrak{p}^2$$
$$(\pi, \beta)_p = \zeta^{-\frac{1}{p}T\left(\frac{\zeta}{\pi}\log\beta\right)}, \qquad \beta \in 1+\mathfrak{p},$$
$$(\zeta, \beta)_p = \zeta^{\frac{1}{p}T(\log\beta)}, \qquad \beta \in 1+\mathfrak{p}.$$

証明 はじめの等式は勿論定理7の特別な場合である. $\alpha=\pi$ とすれば $\dfrac{1}{\alpha}\dfrac{d\alpha}{d\pi} = \dfrac{1}{\pi}$, また $\alpha=\zeta=1-\pi$ に対しては $\dfrac{1}{\alpha}\dfrac{d\alpha}{d\pi} = -\dfrac{1}{\zeta}$ となるから, β が $U_2=1+\mathfrak{p}^2$ の元であれば第二, 第三の等式も前定理に含まれる. しかるに $1+\mathfrak{p}=U_1=W_p \times U_2$ であるから, 残るところはこれらの等式を $\beta=\zeta$ の場合に証明すればよいが, それは

$$(\pi, \zeta)_p = (1-\zeta, \zeta)_p = 1, \qquad (\zeta, \zeta)_p = (\zeta, -\zeta)_p(\zeta, -1)_p = 1$$

及び $\log\zeta=0$ より明白である.

このように定理8は前定理7から容易に導かれるが, 逆に定理7は定理8から直ちに得られる. また $C_p^\times = \langle\pi\rangle \times V \times U_1$ 及び

$$(\alpha, \beta)_p(\beta, \alpha)_p = 1, \qquad (v, \beta)_p = (\alpha, v)_p = 1, \qquad \alpha, \beta \in C_p^\times,\ v \in V$$

を用いれば, 定理8により $C_p^\times$ の任意の元 α, β に対して $(\alpha, \beta)_p$ が具体的に計算される. この意味で定理7乃至定理8の公式はノルム剰余記号 $(\alpha, \beta)_p$ に対する **explicit formula** と呼ばれる.

定理8の第二, 第三の公式と同様な等式は Artin-Hasse [2] により, もっと一般に $\boldsymbol{Q}_p$, $p\geq 2$, 上の円の p^n 分体における p^n 次のノルム剰余記号に対して証明されている[3]. 同じ場合における定理7の公式の一般化は岩澤及び工藤(愛)

3) 定理8の結果を定理7の形に書き直すことはこの Artin-Hasse の共著 [2] が出てからずっと後になって Artin と Hasse とにより別々に発表された.

によってなされた．これらの結果はいずれも Eisenstein 以来の伝統的な計算によって得られたものであるが，最近 Wiles [15] は第7章に述べた形式群を応用して $\boldsymbol{Q}_p$ 上の円分体に対してばかりでなく，一般に標数 0 の p 局所体上の有限次アーベル拡大体についても同様な結果を簡潔な方法によって証明した．これは楕円曲線上の有理点に関する Coates–Wiles の理論の一環を成す重要な結果であるが，ここでは局所体における計算法の実例として古典的証明を紹介したわけである．

付録　局所体の Brauer 群

ここでは本文中に触れることの出来なかった局所体上の Brauer 群について簡単に解説する．Brauer 群は定義によりガロア群のコホモロジー群であるから，まず一般にコホモロジー群について必要な事柄を(最小限度に)紹介し，次いで Brauer 群を定義し，特に局所体上の Brauer 群の構造を決定する．なお詳細に関しては河田 [8]，Serre [11] 等を参照されたい．

§A.1　一般のコホモロジー群

一般に G を任意の群とし，G を作用素群として持つアーベル群を A とする．便宜上 A は G 加群とする．(但し後の応用においては A は乗法群である.) G から A への写像

$$f: G \longrightarrow A$$

の全体を $C^1=C^1(G, A)$ とし，特に任意の $\sigma, \tau \in G$ に対し

$$\sigma f(\tau)-f(\sigma\tau)+f(\sigma) = 0 \tag{1}$$

を満足する f の全体を $Z^1=Z^1(G, A)$ と記す．C^1 は $(f+g)(\sigma)=f(\sigma)+g(\sigma)$ によって定義される加法 $f+g$ に関してアーベル群を成し，Z^1 はその部分群である．また A の元 a を固定し

$$f_a(\sigma) = \sigma a-a, \qquad \sigma \in G$$

とおけば $f_a: G \to A$ は Z^1 に属し，f_a, $a \in A$, の全体 $B^1=B^1(G, A)$ は Z^1 の部分群となる．剰余群

$$H^1(G, A) = Z^1(G, A)/B^1(G, A)$$

を A を係数とする，乃至 A に値をとる，G の 1 次元のコホモロジー群と呼ぶ．同様に $G^2=G\times G$ から A への写像の全体はアーベル群 $C^2=C^2(G, A)$ を成し，特に

(2)　　$\sigma f(\tau, \rho)-f(\sigma\tau, \rho)+f(\sigma, \tau\rho)-f(\sigma, \tau)=0, \qquad \sigma, \tau, \rho\in G$

を満足する $f: G^2\to A$ の全体 $Z^2=Z^2(G, A)$ は C^2 の部分群となる．$C^1(G, A)$ の任意の元 $f: G\to A$ に対し

$$\partial f(\sigma, \tau)=\sigma f(\tau)-f(\sigma\tau)+f(\sigma), \qquad \sigma, \tau\in G$$

とおけば $\partial f: G^2\to A$ は Z^2 に属し，このような ∂f, $f\in C^1$, の全体 $B^2=B^2(G, A)$ はまた Z^2 の部分群となる．

$$H^2(G, A)=Z^2(G, A)/B^2(G, A)$$

を A を係数とする G の 2 次元のコホモロジー群と呼ぶ．一般に任意の $n\geq 0$ に対して n 次元のコホモロジー群 $H^n(G, A)$ を統一的に定義することも出来るが，ここでは必要がないから説明を省く．但し Z^1 は $\partial f=0$ を満足する C^1 の元 f の全体であることに注意．

次に別の群 G' と G' 加群 A' とが与えられた時，準同型

$$\gamma: G'\longrightarrow G, \qquad \alpha: A\longrightarrow A'$$

が存在して，任意の $\sigma'\in G'$, $a\in A$ に対し

(3)　　$\alpha(\gamma(\sigma')a)=\sigma'\alpha(a)$

を満足するならば，γ と α との組 $\lambda=(\gamma, \alpha)$ を (G, A) から (G', A') への射 (morphism) と呼び

$$\lambda: (G, A)\longrightarrow (G', A')$$

と書く．この場合 $C^1(G, A)$ の任意の元 $f: G\to A$ に対し，積写像

$$G'\xrightarrow{\gamma} G\xrightarrow{f} A\xrightarrow{\alpha} A'$$

を f' と記せば，$f\mapsto f'$ は明らかに準同型 $C^1(G, A)\to C^1(G', A')$ を定義するが，上の条件(3)によりこの準同型は $Z^1(G, A)$, $B^1(G, A)$ をそれぞれ $Z^1(G', A')$, $B^1(G', A')$ の中に写像する．よって $\lambda=(\gamma, \alpha)$ はコホモロジー群の準同型

$$H^1(G, A)\longrightarrow H^1(G', A')$$

をひきおこす．全く同様に λ は準同型 $C^2(G,A)\to C^2(G',A')$ を定義し，従って

$$H^2(G,A)\longrightarrow H^2(G',A')$$

をひきおこす．(一般に $H^n(G,A)\to H^n(G',A')$, $n\geq 0$, も得られる.) さて H を G の任意の部分群とすれば，G 加群 A は勿論 H 加群と考えることが出来るが，$i: H\to G$ を自然な単射とし，$id: A\to A$ を A の恒等写像とする時，

$$(i, id):(G,A)\longrightarrow(H,A)$$

は上の意味で射を定義するから制限写像(restriction)と呼ばれる準同型

$$\mathrm{res}: H^1(G,A)\longrightarrow H^1(H,A),\qquad H^2(G,A)\longrightarrow H^2(H,A)$$

が得られる．また H を特に G の不変部分群とし，すべての $\omega\in H$ に対し $\omega a=a$ を満足する A の元 a の全体を A^H と書けば A^H は明らかに G/H 加群となるが，$\gamma: G\to G/H$ を自然な全射，$i: A^H\to A$ を自然な単射とする時，

$$(\gamma, i):(G/H, A^H)\longrightarrow(G,A)$$

はやはり上の意味で射を定義するから膨張写像(inflation)と呼ばれる準同型

$$\inf: H^1(G/H, A^H)\longrightarrow H^1(G,A),\qquad H^2(G/H, A^H)\longrightarrow H^2(G,A)$$

が得られる．

補題1 H を G の不変部分群とする時

$$0\longrightarrow H^1(G/H, A^H)\xrightarrow{\inf} H^1(G,A)\xrightarrow{\mathrm{res}} H^1(H,A)$$

は完全系列である．特に $H^1(H,A)=0$ とすれば

$$0\longrightarrow H^2(G/H, A^H)\xrightarrow{\inf} H^2(G,A)\xrightarrow{\mathrm{res}} H^2(H,A)$$

も完全系列となる．

次に G が特に位数 n の有限巡回群である場合を考察することとし，G の生成元を一つ固定して ρ とする: $G=\{1,\rho,\cdots,\rho^{n-1}\}$, $\rho^n=1$. 上と同様に G のすべての元 σ に対し $\sigma a=a$ を満足する $a\in A$ の全体を A^G と書く．A^G は勿論 $(\rho-1)a=0$ を満足する a の全体である．また $N(A)=(1+\rho+\cdots+\rho^{n-1})A$ とおけば明らかに

$$N(A) \subseteq A^G \subseteq A.$$

a を A^G の任意の元とする時，$0 \leq i, j < n$ に対し

$$f(\rho^i, \rho^j) = 1, \quad i+j < n,$$
$$= a, \quad i+j \geq n$$

とおいて $f: G^2 \to A$ を定義すれば，f が $Z^2 = Z^2(G, A)$ の元であることは直ちに確かめられる．よってこの f を含む $Z^2/B^2 = H^2(G, A)$ の剰余類を c_a と書くことにする．

補題 2　$a \mapsto c_a$ は同型

$$A^G/N(A) \xrightarrow{\sim} H^2(G, A)$$

をひきおこす．

同様に $(1+\rho+\cdots+\rho^{n-1})a=0$ を満足する A の元 a の全体を A_N とする時，任意の $a \in A_N$ に対し $f(\rho)=a$ となる $f \in Z^1 = Z(G, A)$ が存在し，$a \mapsto f \bmod B^1$ は同型

$$A_N/(1-\rho)A \xrightarrow{\sim} H^1(G, A)$$

をひきおこすことも知られている．

次に H を上の巡回群 $G = \langle \rho \rangle$ の部分群とし，$[G:H] = m$ とする．G/H は $\bar{\rho} = \rho H$ により生成される位数 m の巡回群である．よって $A^G = (A^H)^{G/H}$ に注意すれば補題 2 により $\bar{\rho}$ は同型

$$A^G/(1+\bar{\rho}+\cdots+\bar{\rho}^{m-1})A^H \xrightarrow{\sim} H^2(G/H, A^H)$$

を定義する．$b \in A^H$ とすれば

$$(1+\rho^m+\rho^{2m}+\cdots+\rho^{(n/m-1)m})b = \frac{n}{m}b,$$

$$\frac{n}{m}(1+\bar{\rho}+\cdots+\bar{\rho}^{m-1})b = (1+\rho+\cdots+\rho^{n-1})b$$

となるから，A^G の自己準同型 $a \mapsto \dfrac{n}{m}a$ は

$$\frac{n}{m}: A^G/(1+\bar{\rho}+\cdots+\bar{\rho}^{m-1})A^H \longrightarrow A^G/(1+\rho+\cdots+\rho^{n-1})A$$

をひきおこす.

補題 3 図式

$$\begin{array}{ccc} A^G/(1+\bar{\rho}+\cdots+\bar{\rho}^{m-1})A^H & \xrightarrow{\sim} & H^2(G/H, A^H) \\ \downarrow n/m & & \downarrow \mathrm{inf} \\ A^G/(1+\rho+\cdots+\rho^{n-1})A & \xrightarrow{\sim} & H^2(G, A) \end{array}$$

は可換である. 但し二つの横写像は ρ 及び $\bar{\rho}=\rho H$ により定義された同型とする.

上の補題 1, 2, 3 が以下我々の必要とするコホモロジー群に関する結果のすべてである. 補題 1 の前半及び補題 2, 3(並びに補題 2 の後の注意)はいずれもコホモロジー群の定義だけから比較的簡単に証明される. 補題 1 の後半も同様に直接の計算によって確かめられるが, コホモロジー群の関手(functor)としての性質を用いればそれを容易に補題の前半に帰着させることが出来る. しかしここではいずれもその証明は省略し[1], ただ補題 2 乃至その後の注意における同型写像が G の生成元 ρ の選び方に依存していることを特に注意しておく.

一般に G 加群 A を不変部分群として含む群 P と, 同型 $\varphi: G\simeq P/A$ とが与えられた時, A はアーベル群であるから P/A は A に自然に作用し, 従って φ により G もまた A に作用する. この作用が G 加群としての G の A に対する作用と一致する時, P と φ との組 (P,φ) を G 加群 A の G による拡張(extension)と呼ぶ. G の各元 σ に対し, P/A の剰余類 $\varphi(\sigma)$ に含まれる P の元 u_σ を定めれば, 上述の条件は即ち

$$u_\sigma a u_\sigma^{-1} = \sigma a \quad (=a^\sigma), \qquad a \in A$$

と書かれる. G の任意の元 σ, τ をとる時, $u_\sigma u_\tau \equiv u_{\sigma\tau} \mod A$ であるから

1) 例えば Serre [11], Chap. VII, §6 参照.

$$u_\sigma u_\tau = a_{\sigma,\tau} u_{\sigma\tau}$$

を満足する A の元 $a_{\sigma,\tau}$ が存在するが，$(u_\sigma u_\tau)u_\rho = u_\sigma(u_\tau u_\rho)$ より

$$a_{\sigma,\tau} a_{\sigma\tau,\rho} = a_{\tau,\rho}{}^\sigma a_{\sigma,\tau\rho}, \qquad \sigma, \tau, \rho \in G$$

が得られる．よって

$$f(\sigma,\tau) = a_{\sigma,\tau}$$

とおく時，$f: G^2 \mapsto A$ は加法記号を用いれば

$$f(\sigma,\tau) + f(\sigma\tau,\rho) = \sigma f(\tau,\rho) + f(\sigma,\tau\rho)$$

を満足する．即ち f は $Z^2 = Z^2(G,A)$ に属す．$\varphi(\sigma)$ の代表元 u_σ を変えれば上の $f(\sigma,\tau)$ も勿論変るが，f を含む $H^2(G,A) = Z^2/B^2$ の剰余類 c は変らない．よって (P,φ) は $H^2(G,A)$ の元 c を一意的に定める．しかも拡張 (P_1,φ_1) から拡張 (P_2,φ_2) への同型 $(P_1,\varphi_1) \simeq (P_2,\varphi_2)$ を適当に(自然に)定義すれば，$(P,\varphi) \mapsto c$ は (P,φ) の同型類の集合から $H^2(G,A)$ への 1 対 1 の対応を与えることが証明される．このようにして $H^2(G,A)$ は群の拡張の理論において古くから知られていたもので，$n \geq 0$ に対する $H^n(G,A)$ はその一般化と考えられる．なお (P,φ) と $H^2(G,A)$ との間の上述の関係を用いれば，§ A.1，補題 2 は極めて自然に証明されることを注意しておく．

§ A.2 ガロア群のコホモロジー群

一般に体 F の任意のガロア拡大体を K とし，そのガロア群を $G = \mathrm{Gal}(K/F)$ とすれば G は明らかに K の乗法群 $K^\times$ に作用するから前節により $H^1(G,K^\times)$, $H^2(G,K^\times)$ が定義されるが，ガロア群のコホモロジー理論ではこれらの群と少し異なるコホモロジー群 $H^1(K/F)$, $H^2(K/F)$ を考察する．次にそれを説明しよう．G はガロア群であるから Krull 位相により全不連結なコムパクト群，即ち射影有限群，である．一方 K の乗法群 $K^\times$ には疎(discrete)な位相を与えて，これらの位相に関して G から $K^\times$ への連続な写像 $f: G \to K^\times$ の全体を $C_0{}^1(G,K^\times)$ と書く．$C_0{}^1(G,K^\times)$ は勿論先の $C^1(G,K^\times)$ の部分群である．

$$Z_0{}^1(G,K^\times) = Z^1(G,K^\times) \cap C_0{}^1(G,K^\times)$$

とおけば $B^1(G, K^\times)$ が $Z_0{}^1(G, K^\times)$ に含まれることは容易にわかるからその剰余群を

$$H^1(K/F) = Z_0{}^1(G, K^\times)/B^1(G, K^\times)$$

とする．同じように，連続写像 $G^2=G\times G\to K^\times$ の全体を $C_0{}^2(G, K^\times)$ とし，$Z_0{}^2(G, K^\times)=Z^2(G, K^\times)\cap C_0{}^2(G, K^\times)$ とおく．$C_0{}^1(G, K^\times)$ の元 f に対する ∂f の全体 $B_0{}^2(G, K^\times)$ は $Z_0{}^2(G, K^\times)$ の部分群となるからその剰余群を

$$H^2(K/F) = Z_0{}^2(G, K^\times)/B_0{}^2(G, K^\times)$$

とする．$H^1(K/F)$, $H^2(K/F)$ は言わばガロア群 $G=\mathrm{Gal}(K/F)$ の位相を考慮に入れたコホモロジー群である．K/F が有限次拡大であって G が有限群であれば勿論

$$H^1(K/F) = H^1(G, K^\times), \qquad H^2(K/F) = H^2(G, K^\times)$$

となる．また，E を K/F の任意の中間体とすれば，$H=\mathrm{Gal}(K/E)$ は $G=\mathrm{Gal}(K/F)$ の閉部分群であって，定義により

$$H^1(K/E) = Z_0{}^1(H, K^\times)/B^1(H, K^\times), \qquad H^2(K/E) = Z_0{}^2(H, K^\times)/B_0{}^2(H, K^\times)$$

となるが，位相のない場合と全く同様にして制限写像

$$\mathrm{res}: H^1(K/F) \longrightarrow H^1(K/E), \qquad H^2(K/F) \longrightarrow H^2(K/E)$$

が定義される．特に E/F がガロア拡大である場合には膨張写像

$$\mathrm{inf}: H^1(E/F) \longrightarrow H^1(K/F), \qquad H^2(E/F) \longrightarrow H^2(K/F)$$

も定義される．

次に $\{K_i\}$, $i\in I$, を K に含まれる F 上の有限次ガロア拡大体 K_i の族(family)であって

$$K = \bigcup_i K_i \tag{4}$$

を満足するものとする．例えば K に含まれる F 上のすべての有限次ガロア拡大体をとればこのような族が得られる．$G_i=\mathrm{Gal}(K_i/F)$, $i\in I$, とおく時，$F\subseteq K_i\subseteq K_j$, $i, j\in I$, であれば自然な全射乃至単射

$$\gamma_{ij}: G_j \longrightarrow G_i, \qquad \alpha_{ij}: K_i{}^\times \longrightarrow K_j{}^\times$$

が定義されるが

$$\lambda_{ij}=(\gamma_{ij},\alpha_{ij}):(G_i,K_i{}^\times)\longrightarrow(G_j,K_j{}^\times)$$

が前節の意味で射であることは明らかである．よって γ_{ij} は準同型

$$H^1(G_i,K_i{}^\times)\longrightarrow H^1(G_j,K_j{}^\times),\qquad H^2(G_i,K_i{}^\times)\longrightarrow H^2(G_j,K_j{}^\times)$$

をひきおこす．

補題 4　$H^1(K/F)=\varinjlim H^1(G_i,K_i{}^\times),\qquad H^2(K/F)=\varinjlim H^2(G_i,K_i{}^\times).$

但し右辺は $K_i\subseteq K_j,\ i,j\in I,$ の時に定義された上の準同型に関して帰納的極限をとるものとする．

証明　$G=\mathrm{Gal}(K/F)$ は全不連結なコムパクト群であるから G から疎な空間 $K^\times$ への連続写像 $f: G\to K^\times$ は有限個の相異なる値しかとらない．よって仮定(4)により適当な K_i と $g: G_i\to K_i{}^\times$ をとれば f は

$$G\longrightarrow G_i\xrightarrow{\ g\ }K_i{}^\times\longrightarrow K^\times$$

の積写像として表わされる．但しここに $G\to G_i,\ K_i{}^\times\to K^\times$ は $F\subseteq K_i\subseteq K$ から生ずる自然な全射乃至単射である．前節により λ_{ij} は $C^1(G_i,K_i{}^\times)\to C^1(G_j,K_j{}^\times)$ を定義するが，上述の注意により

$$C_0{}^1(G,K^\times)=\varinjlim C^1(G_i,K_i{}^\times)$$

となることがわかる．同様に部分群についても

$$Z_0{}^1(G,K^\times)=\varinjlim C^1(G_i,K_i{}^\times),\qquad B^1(G,K^\times)=\varinjlim B^1(G_i,K_i{}^\times).$$

帰納的極限は完全系列を保存するから各 K_i に対して定義された完全系列

$$0\longrightarrow B^1(G_i,K_i{}^\times)\longrightarrow C^1(G_i,K_i{}^\times)\longrightarrow H^1(G_i,K_i{}^\times)\longrightarrow 0$$

の極限をとることにより完全系列

$$0\longrightarrow B^1(G,K^\times)\longrightarrow C_0{}^1(G,K^\times)\longrightarrow \varinjlim H^1(G_i,K_i{}^\times)\longrightarrow 0$$

が得られる．即ち

$$H^1(K/F)=\varinjlim H^1(G_i,K_i{}^\times).$$

$H^2(K/F)$ に対しても証明は全く同様である．

定理1　任意のガロア拡大 K/F に対し

$$H^1(K/F)=0.$$

証明　有限次ガロア拡大 K_i/F に対して $H^1(G_i, K_i^\times)=0$ となることはガロア理論の基本定理の一つとして周知である．よって前補題により

$$H^1(K/F)=\varinjlim H^1(G_i, K_i^\times)=0.$$

補題5　E を K/F の中間体とし，かつ E/F もガロア拡大であるとすれば

$$0\longrightarrow H^2(E/F)\xrightarrow{\text{inf}} H^2(K/F)\xrightarrow{\text{res}} H^2(K/E)$$

は完全系列である．

証明　$\{K_i\}$, $i\in I$, を前述の通りとし，$E_i=E\cap K_i$, $H_i=\mathrm{Gal}(K_i/E_i)$ とおく．有限次ガロア拡大 K_i/F に対しては $H^2(K_i/F)$ は位相を考えないコホモロジー群 $H^2(G_i, K_i^\times)$ と一致するから，$H^1(K_i/E_i)=0$ を用いれば補題1により

$$0\longrightarrow H^2(E_i/F)\xrightarrow{\text{inf}} H^2(K_i/F)\xrightarrow{\text{res}} H^2(K_i/E_i)$$

が完全系列であることが知られる．よって帰納的極限をとり，補題4を用いれば完全系列

$$0\longrightarrow H^2(E/F)\longrightarrow H^2(K/F)\longrightarrow \varinjlim H^2(K_i/E_i)$$

が得られる．しかるに補題4の証明におけると同じ考え方により（それよりやや複雑であるが）$K_i\subseteq K_j$ の時 $(H_i, K_i^\times)\to(H_j, K_j^\times)$ は射であってかつ

$$C_0^2(\mathrm{Gal}(K/E), K^\times)=\varinjlim C^2(H_i, K_i^\times)$$

となることが証明され，従って

$$H^2(K/E)=\varinjlim H^2(K_i/E_i)$$

が得られる．一方，上の $H^2(E/F)\to H^2(K/F)$, $H^2(K/F)\to\varinjlim H^2(K_i/E_i)=H^2(K/E)$ がそれぞれ膨張写像乃至制限写像と一致することも容易にわかる．故に補題は証明された．

上の補題5により $\text{inf}: H^2(E/F)\to H^2(K/F)$ は常に単射であって，res:

$H^2(K/F)\to H^2(K/E)$ の核と同一視し得ることがわかる．即ち

$$H^2(E/F)\subseteq H^2(K/F).$$

特に先の $\{K_i\}$ に対し $H^2(K_i/F)\subseteq H^2(K/F)$ であって

$$H^2(K/F)=\varinjlim H^2(K_i/F)=\bigcup_i H^2(K_i/F)$$

となる．故に一般のガロア拡大 K/F に対する $H^2(K/F)$ は有限次ガロア拡大 K_i/F に対する $H^2(K_i/F)=H^2(G_i, K_i^\times)$ を計算することによりその和集合として得られる．

注意 位相を考慮に入れないコホモロジー群 $H^2(G, K^\times)$ に対しては，このような結果は成立しない．これがガロア群のコホモロジー理論において $H^2(G, K^\times)$ でなく $H^2(K/F)$ をとる理由である．

さて体 F の最大ガロア拡大体，即ち F の代数的閉包 Ω に含まれる F 上の最大分離拡大体，を Ω_s とする時，$H^2(\Omega_s/F)$ を $\mathrm{Br}(F)$ と書いて F の **Brauer 群**と呼ぶ：

$$\mathrm{Br}(F)=H^2(\Omega_s/F).$$

F の代数的閉包 Ω は本質的にはただ一つしかないから，$\mathrm{Br}(F)$ は実際 F だけによって定まる不変量である．F が局所体乃至有限次代数体(または有限体上の 1 変数の代数函数体)である場合には Brauer 群 $\mathrm{Br}(F)$ は特に重要な数論的意味を持つ．次節においては局所体 k の Brauer 群 $\mathrm{Br}(k)$ の構造を考察する．

§ A. 3 局所体の Brauer 群

上述の如く k を局所体とし，k 上の最大ガロア拡大体を Ω_s，従って定義により

$$\mathrm{Br}(k)=H^2(\Omega_s/k)$$

とする．k 上の最大不分岐拡大体を $K=k_{ur}$ とすれば K/k はアーベル拡大であ

るから

$$k \subseteq K \subseteq \Omega_s.$$

従って補題5により完全系列

$$(5) \qquad 0 \longrightarrow H^2(K/k) \longrightarrow \mathrm{Br}(k) \longrightarrow \mathrm{Br}(K)$$

が得られる．よって次にまず $H^2(K/k)$ を考察する．

§3.2及び§4.2によれば，各自然数 $n \geq 1$ に対し k 上 n 次の不分岐拡大 k_n がただ一つ存在し

$$K = k_{ur} = \bigcup_{n \geq 1} k_n.$$

また K/k の Frobenius 自己同型を φ とし，$\varphi_n = \varphi | k_n$ とすれば $G_n = \mathrm{Gal}(k_n/k)$ は φ_n により生成される位数 n の巡回群である．よってまず補題4より

$$H^2(K/k) = \varinjlim H^2(G_n, k_n^{\times})$$

となり，一方補題2により φ_n は同型

$$(6) \qquad H^2(G_n, k_n^{\times}) \xrightarrow{\sim} k^{\times}/N(k_n/k)$$

を定義する．しかるに k の単数群を U，素元を π とする時，§3.3，補題4により

$$NU(k_n/k) = U, \qquad N(k_n/k) = \langle \pi^n \rangle \times U$$

となるから，k の正規付値 ν により定義される同型を

$$\nu : k^{\times}/U \xrightarrow{\sim} \boldsymbol{Z}$$

とすれば，この ν は

$$k^{\times}/N(k_n/k) \xrightarrow{\sim} \boldsymbol{Z}/n\boldsymbol{Z}$$

をひきおこす．よって $\dfrac{1}{n}\nu$ は

$$k^{\times}/N(k_n/k) \xrightarrow{\sim} \frac{1}{n}\boldsymbol{Z}/\boldsymbol{Z}$$

を与え，同型(6)と上の同型との積は

$$(7) \qquad H^2(G_n, k_n^{\times}) \xrightarrow{\sim} \frac{1}{n}\boldsymbol{Z}/\boldsymbol{Z}, \qquad n \geq 1$$

を定義する．この同型は重要であるから次にその写像を定義に従って具体的に記述しておく．即ち x を $k^\times$ の任意の元とし，$0\leq i, j<n$ に対し

$$z(\varphi_n{}^i, \varphi_n{}^j) = 1, \quad i+j < n,$$
$$= x, \quad i+j \geq n$$

とおけば z は $Z^2(G_n, k_n{}^\times)$ に属し，$H^2(G_n, k_n{}^\times)=Z^2/B^2$ における z の剰余類を c_x とする時，$H^2(G_n, k_n{}^\times)$ はこのような c_x, $x\in k^\times$, の全体から成り，同型(7)は

$$c_x \longmapsto \frac{\nu(x)}{n} \mod \boldsymbol{Z}$$

により与えられる．特に x として k の素元 π をとれば $H^2(G_n, k_n{}^\times)$ が c_π により生成される位数 n の巡回群であることが知られる．

さて $k\subseteq k_m\subseteq k_n$, $m|n$, とすれば補題3により

$$\begin{array}{ccccc} H^2(G_m, k_m{}^\times) & \xrightarrow{\sim} & k^\times/N(k_m/k) & \xrightarrow{\sim} & \boldsymbol{Z}/m\boldsymbol{Z} \\ \downarrow{\scriptstyle \inf} & & \downarrow{\scriptstyle n/m} & & \downarrow{\scriptstyle n/m} \\ H^2(G_n, k_n{}^\times) & \xrightarrow{\sim} & k^\times/N(k_n/k) & \xrightarrow{\sim} & \boldsymbol{Z}/n\boldsymbol{Z} \end{array}$$

は可換図式である．但しここに左辺の二つの横写像は φ_n 及び $\varphi_m=\varphi|k_m=\varphi_n|k_m$ により定義された同型とする．故に同型(7)とそれに相当する k_m に対する同型とを結ぶ図式

$$\begin{array}{ccc} H^2(G_m, k_m{}^\times) & \xrightarrow{\sim} & \frac{1}{m}\boldsymbol{Z}/\boldsymbol{Z} \\ \downarrow{\scriptstyle \inf} & & \downarrow \\ H^2(G_n, k_n{}^\times) & \xrightarrow{\sim} & \frac{1}{n}\boldsymbol{Z}/\boldsymbol{Z} \end{array}$$

もまた可換である．但し右辺の縦写像は $m|n$, $\frac{1}{m}\boldsymbol{Z}\subseteq\frac{1}{n}\boldsymbol{Z}$ から得られる自然な単射である．よって有理数体 $\boldsymbol{Q}$ の加法群をまた $\boldsymbol{Q}$ と書く時，上の可換図式より

$$H^2(K/k) = \varinjlim H^2(G_n, k_n) \xrightarrow{\sim} \varinjlim \frac{1}{n}\boldsymbol{Z}/\boldsymbol{Z} = \boldsymbol{Q}/\boldsymbol{Z}$$

を得る．即ち次の定理が証明された：

定理 2 局所体 k の最大不分岐拡大体を k_{ur} とする時，k_{ur}/k の Frobenius 自己同型 φ は自然な同型

$$H^2(k_{ur}/k) \xrightarrow{\sim} \boldsymbol{Q}/\boldsymbol{Z}$$

を定義する．

次に $\mathrm{Br}(K)=H^2(\Omega_s/K)$ を考察する．そのため k 上の任意の有限次完全分岐ガロア拡大体を E とし，$[E:k]=d$ とする．また

$$k'=k_d, \qquad E'=k'E$$

とおく．E'/k はガロア拡大であるが，仮定により $k'\cap E=k$ であるから

(8) $$\mathrm{Gal}(E'/k)=\mathrm{Gal}(E'/E)\times\mathrm{Gal}(E'/k').$$

補題 6 E'/k を上述の通りとする時

$$k^\times \subseteq N(E'/k').$$

証明 E の素元を π' とすれば E/k は完全分岐であるから $\pi=N_{E/k}(\pi')=N_{E'/k'}(\pi')$ は k の素元である．故に k の単数群 U の任意の元 u が $N(E'/k')$ に含まれることを言えば補題は証明される．k, k' の基本写像をそれぞれ ρ_k, $\rho_{k'}$ とし，$\sigma=\rho_k(u)$ とすれば §6.2, 定理 4 により

$$\rho_{k'}(u)=t_{k'/k}(\sigma).$$

ここに移送 $t_{k'/k}(\sigma)$ は次の如く定義される．即ち $u\in U$ であるから $\sigma=\rho_k(u)=\delta_k(u)^{-1}\in\mathrm{Gal}(k_{ab}/K)$．よって σ の $\mathrm{Gal}(\Omega_s/k)$ における任意の拡張を再び σ と書く時，$\sigma\in\mathrm{Gal}(\Omega_s/K)\subseteq\mathrm{Gal}(\Omega_s/k')$．次に $k'\cap E=k$ であるから E_{ur}/E の Frobenius 自己同型を φ' とすれば，$\varphi=\varphi'|K$ は K/k の Frobenius 自己同型となる．よって φ' の $\mathrm{Gal}(\Omega_s/E)$ における拡張を再び φ' と書く時，$1, \varphi', \cdots, \varphi'^{d-1}$ は $\mathrm{Gal}(\Omega_s/k)/\mathrm{Gal}(\Omega_s/k')$ の完全代表系を与え，従って $\sigma\in\mathrm{Gal}(\Omega_s/k')$ に対し

$$t_{k'/k}(\sigma)=\left(\prod_{i=0}^{d-1}\varphi'^i\sigma\varphi'^{-i}\right)\Big|k'_{ab}$$

となる．さて $\varphi'|E'\in\mathrm{Gal}(E'/E)$, $\sigma|E'\in\mathrm{Gal}(E'/k')$ であるから (8) により $\varphi'|E'$ と $\sigma|E'$ とは可換である．故に上の等式と $[E':k']=[E:k]=d$ とから

$$t_{k'/k}(\sigma)|E'\cap k'_{ab}=\sigma^d|E'\cap k'_{ab}=1$$

を得る．即ち

$$\rho_{k'}(u)|E'\cap k'_{ab}=1.$$

従って§6.3，定理7及び定理8，系によって

$$u\in N(E'\cap k'_{ab}/k')=N(E'/k').$$

これで補題は証明された．

さて一般に K 上の任意の有限次ガロア拡大体を L とし，$L=K(\alpha)$ とする．α を根とする $K[X]$ の既約多項式を $f(X)$ とすれば，L/K はガロア拡大であるから $f(X)$ のすべての根 $\alpha=\alpha_1,\cdots,\alpha_d$ はまた L に属す．従って $\alpha_i=g_i(\alpha)$, $g_i(X)\in K[X]$，$1\leq i\leq d$. しかるに $K=k_{ur}$ は k_n, $n\geq 1$, の和集合であるから十分大きな n_0 を一つ定めれば，n_0 の倍数であるすべての n に対して $f(X)$, $g_1(X),\cdots,g_d(X)$ の係数はすべて k_n に含まれる．このような n に対し

$$E=k_n(\alpha)$$

とすれば E/k_n はガロア拡大であって

$$E\cap K=k_n,\qquad EK=L,\qquad \mathrm{Gal}(E/k_n)=\mathrm{Gal}(L/K)$$

となる．

定理3 $K=k_{ur}$ 上の任意の有限次ガロア拡大体を L とする時

$$N_{L/K}(L^\times)=K^\times.$$

証明 上述のような $n\geq 1$ をとって $E=k_n(\alpha)$ とおけば E/k_n は完全分岐ガロア拡大となる．$K=k_{ur}=(k_n)_{ur}$ であるから補題6を K/k_n, E/k_n に対し適用すれば，$E'=k_{nd}E$ とする時

$$k_n{}^\times\subseteq N(E'/k_{nd}).$$

しかるに $E\cap K=k_n$，$EK=L$ より直ちに

$$E'\cap K=k_{nd},\qquad E'K=L,\qquad \mathrm{Gal}(E'/k_{nd})=\mathrm{Gal}(L/K)$$

が得られるから上より

$$k_n{}^\times\subseteq N(E'/k_{nd})\subseteq N_{L/K}(L^\times).$$

K は k_n, $n_0|n$, の和集合であるから定理の等式は証明された.

この定理3乃至その前の補題6が実質的には本節において最も重要な結果であって，上述の説明からわかるようにそれは第6章に述べた局所類体論の成果を用いて証明される．なお定理3は§2.1，定理1に類似しているが，$K=k_{ur}$ は完備でないことに注意.

定理 4　局所体 k 上の最大不分岐拡大体を k_{ur} とする時

$$\mathrm{Br}(k_{ur}) = H^2(\Omega_s/k_{ur}) = 0.$$

証明　Ω_s は $K=k_{ur}$ 上のすべての有限次ガロア拡大体 L の和集合であるから補題4により

$$H^2(\Omega_s/K) = \varinjlim H^2(L/K).$$

よって上のような L/K に対し $H^2(L/K)=0$ を証明すれば十分である．定理3の前に述べた注意により，十分大きな $n\geq 1$ を定め，$k'=k_n$ とする時

$$E\cap K = k', \qquad EK = L, \qquad \mathrm{Gal}(E/k') = \mathrm{Gal}(L/K)$$

を満足する有限次ガロア拡大 E/k' $(E=k_n(\alpha))$ が存在する．k' は局所体であるから§3.2，定理6により E/k' は可解拡大である．よって

$$k' = F_0 \subset F_1 \subset \cdots \subset F_s = E,$$

$$F_i/F_{i-1} = \text{巡回拡大}, \qquad i = 1, \cdots, s$$

とすることが出来る．$M_i=KF_i$, $0\leq i\leq s$, とおけば明らかに

$$K = M_0 \subset M_1 \subset \cdots \subset M_s = L,$$

$$M_i = (F_i)_{ur}, \qquad M_i/M_{i-1} = \text{巡回拡大}, \qquad i = 1, \cdots, s$$

となるから補題2及び定理3により

$$H^2(M_i/M_{i-1}) \simeq M_{i-1}{}^\times/N_{M_i/M_{i-1}}(M_i{}^\times) = 0, \qquad i = 1, \cdots, s.$$

従って補題5を繰返し用いれば

$$H^2(L/K) = H^2(M_s/M_0) = 0$$

が得られる.

以上の証明では定理4を定理3から導いたが，逆に定理4がすべての局所体 k に対して成立すると仮定すれば，上の $M_{i-1}=(F_{i-1})_{ur}$ に対し $\mathrm{Br}(M_{i-1})=H^2(\Omega_s/M_{i-1})=0$. 故に補題5により $H^2(M_i/M_{i-1})=0$, 従って補題2により $N_{M_i/M_{i-1}}(M_i^\times)=M_{i-1}^\times$, $i=1,\cdots,s$. よって

$$N_{L/K}(L^\times)=N_{M_s/M_0}(M_s^\times)=M_0^\times=K^\times$$

となり，定理3が得られる．即ち定理3と定理4とは本質的に同値であることが知られる．

さて定理2, 4及び補題5により直ちに本節の目標である次の結果が得られる：

定理5　局所体 k 上の最大不分岐拡大体を k_{ur} とする時

$$\mathrm{inf}: H^2(k_{ur}/k) \xrightarrow{\sim} H^2(\Omega_s/k)=\mathrm{Br}(k).$$

従って自然な同型

$$\mathrm{Br}(k) \xrightarrow{\sim} \boldsymbol{Q}/\boldsymbol{Z}$$

が存在する．

$\mathrm{Br}(k)$ の任意の元 c に対し $\mathrm{Br}(k)\simeq\boldsymbol{Q}/\boldsymbol{Z}$ による c の像を

$$\mathrm{inv}(c)$$

と書く．即ち

$$\mathrm{inv}: \mathrm{Br}(k) \xrightarrow{\sim} \boldsymbol{Q}/\boldsymbol{Z}.$$

c は勿論 $\mathrm{inv}(c)$ により一意的に定まる．

次に k 上の任意の有限次分離拡大体を k' とすれば，k' も勿論局所体であって，かつ

$$k\subseteq k'\subseteq \Omega_s$$

となるから制限写像

$$\mathrm{res}: \mathrm{Br}(k)=H^2(\Omega_s/k) \longrightarrow \mathrm{Br}(k')=H^2(\Omega_s/k')$$

が定義される.

定理 6 $d=[k':k]$ とすれば

$$\begin{array}{ccc} \mathrm{Br}(k) & \xrightarrow{\sim} & \boldsymbol{Q}/\boldsymbol{Z} \\ \downarrow{\scriptstyle \mathrm{res}} & & \downarrow{\scriptstyle d} \\ \mathrm{Br}(k') & \xrightarrow{\sim} & \boldsymbol{Q}/\boldsymbol{Z} \end{array}$$

は可換図式である. 但しここに二つの横写像は勿論 inv により定義される同型とする.

証明 $e=e(k'/k)$, $f=f(k'/k)$ とし, k_{ur}/k, k'_{ur}/k' の Frobenius 自己同型をそれぞれ φ, φ', また k, k' の正規付値をそれぞれ ν, ν' とすれば

$$ef = d, \quad \nu'|k = e\nu, \quad \varphi'|K = \varphi^f.$$

$\mathrm{Br}(k_{ur})=H^2(\Omega_s/k_{ur})=0$ であるから補題 5 の後の注意により

$$\mathrm{Br}(k) = H^2(k_{ur}/k) = \bigcup_{n\geq 1} H^2(k_n/k)$$

としてよい. $\mathrm{Br}(k')$ についても同様. よって $c\in\mathrm{Br}(k)$, 従って $c\in H^2(k_n/k)$, $f|n$ とし, 同型(7)の後の注意により $c=c_x$, $x\in k^\times$, とおく. 即ち $\varphi_n=\varphi|k_n$, $0\leq i, j<n$, とする時, c は

$$\begin{aligned} z(\varphi_n{}^i, \varphi_n{}^j) &= 1, \quad i+j<n, \\ &= x, \quad i+j\geq n \end{aligned}$$

によって定義される z により代表されるものとする. そこで

$$n' = \frac{n}{f}, \quad \varphi'_{n'} = \varphi'|k'_{n'}$$

とおけば $\varphi'|K=\varphi^f$ であるから制限写像の定義により $\mathrm{res}(c)$ は, $0\leq i, j<n'$ に対し

$$\begin{aligned} z'(\varphi'_{n'}{}^i, \varphi'_{n'}{}^j) &= 1, \quad i+j<n', \\ &= x, \quad i+j\geq n' \end{aligned}$$

を満足する z' によって代表される $H^2(k'_{n'}/k')$ の元である. しかるに再び(7)の後の注意により

$$\mathrm{inv}(c) = \frac{\nu(x)}{n} \bmod \boldsymbol{Z}, \quad \mathrm{inv}(\mathrm{res}(c)) = \frac{\nu'(x)}{n'} \bmod \boldsymbol{Z}.$$

よって

$$\frac{\nu'(x)}{n'} = \frac{e\nu(x)}{n'} = ef\frac{\nu(x)}{n} = d\frac{\nu(x)}{n}$$

より

$$\mathrm{inv}(\mathrm{res}(c)) = d\,\mathrm{inv}(c)$$

が得られ，定理は証明された．

上の定理において特に k'/k をガロア拡大とすれば補題5により $H^2(k'/k)$ は $\mathrm{res}: \mathrm{Br}(k) \to \mathrm{Br}(k')$ の核と考えられるから，定理により $\mathrm{inv}: \mathrm{Br}(k) \simeq \boldsymbol{Q}/\boldsymbol{Z}$ は自然な同型

$$\mathrm{inv} : H^2(k'/k) \xrightarrow{\sim} \frac{1}{d}\boldsymbol{Z}/\boldsymbol{Z}$$

をひきおこす．これは(7)の一般化である．

$$\mathrm{inv}\,(c) = \frac{1}{d} \mod \boldsymbol{Z}$$

を満足する $H^2(k'/k)$ の元 c を拡大 k'/k の**基本類**と呼ぶ．先の定理5, 6により局所体に対しいわゆる**類構造**が定義され，また上の基本類を用いて Tate の定理が証明されるのであるが，ここでは局所類体論におけるコホモロジー論的方法を詳細に紹介することが目的ではないから，この辺で筆を擱くことにする．

参考文献

[1] E. Artin, *Algebraic Numbers and Algebraic Functions*, Gordon and Breach, New York–London–Paris, 1967.

[2] E. Artin und H. Hasse, Die beiden Ergänzungssätze zum Reziprozitätsgesetze der l^n-ten Potenzreste im Körper der l^n-ten Einheiten Wurzeln, Abh. Math. Sem. Hamburg, 6(1928), 146–162.

[3] J. W. S. Cassels and A. Fröhlich (edd.), *Algebraic Number Theory*, Thompson Book Co., Washington, D. C., 1967.

[4] A. Fröhlich, *Formal Groups*, Springer-Verlag, New York–Heidelberg–Berlin, 1968.

[5] 藤﨑源二郎，体とGalois理論(岩波講座，基礎数学)，岩波書店，1978.

[6] M. Hazewinkel, Local class field theory is easy, Advances in Math., 18(1975), 148–181.

[7] 彌永昌吉(編)，数論，岩波書店，1969.

[8] 河田敬義，代数的整数論，共立出版株式会社，1957.

[9] J. Lubin and J. Tate, Formal complex multiplication in local fields, Ann. Math., 81(1965), 380–387.

[10] J. Milnor, *Introduction to algebraic K-theory*, Princeton University Press, Princeton, 1971.

[11] J.-P. Serre, *Corps Locaux*, Hermann, Paris, 1962.

[12] J.-P. Serre, Sur les corps locaux à corps résiduel algebriquement clos, Bull. Soc. Math. France, 89(1961), 105–154.

[13] B. L. van der Waerden, *Algebra* I, II (sechste Aufl.), Springer-Verlag, New York–Heidelberg–Berlin, 1964.

[14] A. Weil, *Basic Number Theory* (3rd ed.), Springer-Verlag, New York–Heidelberg–Berlin, 1974.

[15] A. Wiles, Higher explicit reciprocity laws, Ann. Math., 107(1978), 235–254.

索　　引

数字は節(§)を示す.

■岩波オンデマンドブックス■

局所類体論

1980年2月8日　第1刷発行
2010年6月24日　第4刷発行
2018年11月13日　オンデマンド版発行

著　者　岩澤健吉（いわさわけんきち）

発行者　岡本　厚

発行所　株式会社　岩波書店
〒101-8002　東京都千代田区一ツ橋2-5-5
電話案内　03-5210-4000
http://www.iwanami.co.jp/

印刷／製本・法令印刷

ISBN 978-4-00-730824-6　　Printed in Japan